METODOLOGIA CIENTÍFICA

Dados Internacionais de Catalogação na Publicação (CIP)
(Câmara Brasileira do Livro, SP, Brasil)

Santos, João Almeida
  Metodologia científica / João Almeida dos Santos,
Domingos Parra Filho. - 2. ed. - São Paulo : Cengage
Learning, 2022.

  3. reimpr. da 2. ed. de 2011.
  Bibliografia
  ISBN 978-85-221-1214-2

  1. Ciência - Metodologia 2. Pesquisa - Metodologia
I Parra Filho, Domingos. II. Título.

11-10128   CDD-501

Índice para catálogo sistemático:

1. Metodologia científica 501

João Almeida dos Santos e Domingos Parra Filho

METODOLOGIA CIENTÍFICA

2ª edição

Austrália • Brasil • México • Cingapura • Reino Unido • Estados Unidos

Metodologia científica - 2ª edição

João Almeida dos Santos e Domingos Parra Filho

Gerente editorial: Patricia La Rosa

Supervisora de produção editorial: Noelma Brocanelli

Supervisora de produção gráfica: Fabiana Alencar Albuquerque

Editora de desenvolvimento e produção editorial: Gisele Gonçalves Bueno Quirino de Souza

Copidesque: Maria Dolores D. Sierra Mata

Revisão: Thiago Fraga, Ricardo Franzin

Capa e diagramação: SGuerra Design

© 2012 Cengage Learning Ltda.

Todos os direitos reservados. Nenhuma parte deste livro poderá ser reproduzida, sejam quais forem os meios empregados, sem a permissão, por escrito, da Editora. Aos infratores aplicam-se as sanções previstas nos artigos 102, 104, 106 e 107 da Lei nº 9.610, de 19 de fevereiro de 1998.

Esta editora empenhou-se em contatar os responsáveis pelos direitos autorais de todas as imagens e de outros materiais utilizados neste livro. Se porventura for constatada a omissão involuntária na identificação de algum deles, dispomo-nos a efetuar, futuramente, os possíveis acertos.

A Editora não se responsabiliza pelo funcionamento dos links contidos neste livro que possam estar suspensos.

Para informações sobre nossos produtos, entre em contato pelo telefone **0800 11 19 39**

Para permissão de uso de material desta obra, envie seu pedido para direitosautorais@cengage.com

© 2012 Cengage Learning. Todos os direitos reservados.

ISBN-13: 978-85-221-1214-2
ISBN-10: 85-221-1214-2

Cengage Learning
Condomínio E-Business Park
Rua Werner Siemens, 111 – Prédio 11 – Torre A – Conjunto 12
Lapa de Baixo – CEP 05069-900 – São Paulo – SP
Tel.: (11) 3665-9900 – Fax: (11) 3665-9901
SAC: 0800 11 19 39

Para suas soluções de curso e aprendizado, visite
www.cengage.com.br

Impresso no Brasil
Printed in Brazil
3. Reimpressão – 2022

Aos meus filhos: Andressa Juliane e Eduardo, as joias que andam.
Aos meus pais: Jucelina (*in memorian*) e João, ensinamentos para sempre.
Meus irmãos: Andréia (*in memorian*), Dulce, Izabel e Waldemir.

Agradecimento ao amigo Domingos Parra Filho, que nos deixou ainda cedo, pela troca de conhecimento e argumentos de defesa de suas convicções.

Aprender lendo é exigir do livro a função de professor (Domingos Parra Filho)

Sumário

Introdução	xi
Capítulo 1 – Os princípios filosóficos do conhecimento	1
1.1 – A contribuição dos grandes filósofos	2
1.2 – A Filosofia e o conhecimento	10
1.3 – Natureza do conhecimento	11
1.4 – Conhecimento científico	13
1.5 – O estudo do conhecimento na atualidade	14
Capítulo 2 – Lógica e conhecimento	19
2.1 – Lógica formal	20
Capítulo 3 – Método geral ou lógica aplicada	35
3.1 – Metodologia científica ou lógica aplicada	38
3.2 – Método dialético	41
3.3 – Métodos particulares ou específicos	45
3.4 – Leis, sistemas ou teorias	80
Capítulo 4 – Pesquisa	81
4.1 – Pesquisa bibliográfica	83
4.2 – Classificação da pesquisa	85
4.3 – Pesquisa na Sociologia	89
4.4 – Pesquisa em História	104
4.5 – Pesquisa nas ciências físico-químicas e biológicas	106
4.6 – Pesquisa nas ciências econômicas	106
4.7 – Pesquisa nas ciências administrativas e contábeis	108

Capítulo 5 – Leitura	111
5.1 – Objeto da leitura	112
5.2 – Tipos de leitura	113
5.3 – Organização do resultado da leitura	119
5.4 – Tipos de fichas	128
5.5 – Resenha ou recensão	136
5.6 – Atualização do conhecimento	139
Capítulo 6 – A estatística e o trabalho científico	147
6.1 – Tipos de séries estatísticas	150
6.2 – Distribuição de frequências	153
6.3 – Medidas de tendência central para dados não agrupados	158
6.4 – Medidas de tendência central para dados agrupados	161
6.5 – Distribuição normal ou curva de Gauss ou forma de sino	163
6.6 – Medidas de dispersão	165
6.7 – Probabilidade	169
6.8 – Amostra	170
6.9 – Correlação	173
6.10 – Números-índices	176
Capítulo 7 – Projeto de pesquisa	179
7.1 – Estrutura de um projeto de pesquisa	180
Capítulo 8 – Apresentação e aspectos gráficos do trabalho	193
8.1 – Aspectos gráficos da monografia	193
8.2 – Estrutura da monografia	198
8.3 – Apresentação de tabelas e gráficos	209
8.4 – Notas de rodapé	227
8.5 – Citações	231
8.6 – Referência bibliográfica	234
Referências bibliográficas	243
Vocabulário	247

Introdução

Para enfatizar a importância do método na elaboração de qualquer trabalho, acadêmico ou não, valem as afirmações citadas neste livro, que dizem: para qualquer atividade é grande a importância do talento e, talvez mais ainda, da consciência no trabalho; também os bons professores são importantes e os bons livros prestam grande contribuição, mas trabalhar metodicamente é mais importante, para a aprendizagem, do que todas as ajudas anteriores.

A busca de subsídios naqueles que têm contribuído para o esclarecimento do que é o conhecimento e como se processa o seu desenvolvimento é apresentada no Capítulo 1.

O Capítulo 2 traz os aspectos filosóficos, assim como as divergências quanto à existência ou não de qualidades inatas e o confronto entre idealistas e materialistas, são apresentados de forma que permita ao leitor algumas reflexões.

O estudo do conhecimento na atualidade envolvendo a cibernética, desde seu início, e as tentativas de criação de uma máquina pensante – assim como a discussão quanto à nova ciência da mente, que busca a interfecundação dos vários campos do conhecimento humano – mostram muito bem as barreiras existentes entre as varias áreas do saber.

Já no Capítulo 3, em razão da importância da lógica na busca da verdade, base do conhecimento científico, este trabalho não poderia prescindir das ideias de Kant e de outros pensadores, para proporcionar ao leitor um conhecimento mais avançado do assunto.

Os raciocínios dedutivos e indutivos, devidamente exemplificados, permitirão melhor entendimento dos métodos utilizados na pesquisa científica.

A utilização do silogismo e das regras das proporções viabilizará a descoberta do raciocínio na busca de conclusões lógicas.

A metodologia científica, objeto principal deste livro, é apresentada no Capítulo 3, pois qualquer trabalho a ser desenvolvido no campo científico exige métodos adequados para facilitar a consecução de seus objetivos, assim como a comprovação científica. A classificação detalhada dos vários campos das ciências facilitará o trabalho do cientista na definição de seu campo de atuação.

A dialética, como método, será discutida a partir da antiguidade até as dialéticas hegeliana e marxista. No que se refere às ideias de Marx, alguns autores são apresentados no sentido de torná-las mais claras.

Além do método comum a todos os campos do conhecimento, existem outros específicos para cada campo. Sem grande aprofundamento, são apresentados os métodos utilizados nas ciências matemáticas, físicas, químicas, econômicas, naturais ou biológicas, dos seres e das formas (Zoologia e Botânica Sistematizada) e o método utilizado nas ciências sociais.

Toda a busca da verdade, objetivo do cientista é apresentado no Capítulo 4, é destinada ao estudo da pesquisa. Tanto a definição quanto a classificação da pesquisa são discutidas para mostrar ao leitor os vários caminhos. Pesquisa teórica ou aplicada, bibliográfica ou de campo, tudo depende do objetivo do pesquisador.

No caso da pesquisa bibliográfica, é evidenciada a sua importância, sobretudo para colocar o pesquisador em dia com o estágio de desenvolvimento do tema a ser pesquisado.

De forma ampla, são oferecidos exemplos de pesquisas nos vários campos, evidenciando suas diversas fases.

A leitura – atividade indispensável para todo pesquisador, pois é essencial o conhecimento do estágio em que se encontra o tema a ser pesquisado, assim como sua atualização – é o tema do Capítulo 5; em decorrência do tempo, normalmente exíguo, do pesquisador se exigirão critérios para selecionar as obras a pesquisar. Para que a leitura seja mais produtiva, o fichamento se torna necessário, pois as citações são obrigatórias nos trabalhos científicos, o que é facilitado pela utilização de tipos específicos de fichas ou do próprio computador, que possui ambiente de texto para anotações e o mercado oferece para o pesquisador softwares e portais que tornam o trabalho mais dinâmico. Um dos exemplos desta natureza é o portal <http://www.mendeley.org>, que é uma comunidade de pesquisadores e permite a formação de uma biblioteca do assunto pesquisado e o lançamento no texto que está sendo redigido da citação bibliográfica no formato desejado pelo pesquisador. Por meio de exemplos, são apresentados os vários tipos de fichas, desde a ficha de resumo até a analítica, utilizada para confrontar ideias discutidas no trabalho e na elaboração de resenha.

O pesquisador precisa estar sempre atualizado, principalmente em sua área de trabalho; portanto, torna-se necessária a sua participação em eventos que possibilitem sua atualização. Este livro apresenta o que é e como se desenvolvem as formas de participação em palestras, simpósios, congressos, seminários, painéis e fóruns de debates. O *brainstorming* também é apontado como forma de desenvolvimento da criatividade, tão necessária ao investigador científico.

A quantificação dos resultados do trabalho de pesquisa é um instrumento de grande importância na constatação dos resultados. O Capítulo 6 trata da estatística a ser utilizada na pesquisa e, com exemplos simples, são discutidas as séries estatísticas, históricas, geográficas e específicas.

Para quem não tem muita intimidade com cálculos, os exemplos cotidianos são mostrados de forma simples. Do mesmo modo, a construção de gráficos destinados a facilitar não só o trabalho do leitor, mas também do pesquisador, é exposta de forma muito clara.

O empirismo utiliza-se da amostragem para a comprovação científica da pesquisa utilizando-se o método indutivo. A amostra é definida e exemplificada mostrando-se sua importância e limitação na conclusão do trabalho. O cálculo das probabilidades, necessário quando se fala em amostragem, segue a mesma objetividade e simplicidade do texto.

Esse capítulo é finalizado com a definição, o cálculo e a importância dos números-índices, tanto para a demonstração dos resultados obtidos como para o entendimento das fontes de pesquisa.

O Capítulo 7 trata da elaboração de um projeto de pesquisa, que é condição necessária para o desenvolvimento de qualquer trabalho científico, partindo-se da escolha do objetivo da pesquisa e da justificativa junto aos encarregados de sua aprovação ou não. O pesquisador deve ter em mente a importância de um projeto que em si já é um trabalho científico, pois pressupõe uma pesquisa preliminar.

A metodologia, o cronograma e os custos são também expostos para que o pesquisador tenha condições de elaborar o projeto da forma mais completa possível. Os exemplos apresentados facilitam o trabalho do leitor.

Explicar como se faz uma monografia é o objetivo do Capítulo 8. Um trabalho científico deve ser apresentado segundo as normas da Associação Brasileira de Normas Técnicas (ABNT) e de acordo com critérios estabelecidos pelas instituições onde serão apresentados. São estudados os aspectos gráficos, a estrutura da monografia, a apresentação de tabelas e gráficos e notas de rodapé, assim como citações e referências bibliográficas.

Este trabalho, no seu conjunto, pretende dar aos estudantes de metodologia um caminho seguro e simples, sem perder de vista a necessária profundidade que a matéria exige.

Capítulo 1

Os princípios filosóficos do conhecimento

*Das cavernas à lua e ao espaço sideral.
Da descoberta do fogo à energia nuclear.
Dos mensageiros, dos tambores, da fumaça ao telégrafo,
ao telefone, à televisão e à comunicação via satélite.
Dos instrumentos rudimentares de pedra à parafernália
tecnológica disponível para consumo e para produção.
Internet e sua forma rápida de propagar conhecimento e
informação para as partes mais distantes do mundo.*

É dessa forma que o homem tem materializado o seu conhecimento impulsionando o progresso. Mas traz dentro de si grandes contradições, pois no século XX viveram-se grandes tragédias: a Primeira e a Segunda Guerras Mundiais e as bombas nucleares lançadas sobre Hiroshima e Nagasaki, ceifando a vida de dezenas de milhões de seres humanos.

O exercício do domínio da hegemonia e da submissão do semelhante tem sido o objetivo principal dos grupos que conseguiram avançar mais rapidamente pelo maior acúmulo do saber.

A distância entre os que sabem muito e os que nada sabem, aqueles que tentam criar a sua máquina pensante e os que lutam para sobreviver, tende a se acentuar cada vez mais.

A nova ciência da mente que se utiliza da atualíssima inteligência artificial (IA) vem reavivar o grande conflito entre o racionalismo e o empirismo, no que diz respeito ao estudo do conhecimento (saber) e da mente humana. Como se trata de um conflito milenar, é importante discutir as ideias dos mais importantes pensadores.

Os grandes pensadores, nas diversas épocas, sempre buscaram respostas para problemas do saber. A Filosofia, que etimologicamente significa amor à sabedoria, desejo de saber, de conhecer, foi a ciência que através dos tempos procurou explicar o conhecimento, sua natureza e o processo do conhecimento.

1.1 A contribuição dos grandes filósofos

Embora pareça antiquado ou fora de moda, é impossível discutir o conhecimento humano e sua evolução sem se reportar aos grandes pensadores que a humanidade já teve.

Verifica-se que a busca de explicações relativas à evolução da mente humana passou da introspecção na antiguidade para uma busca objetiva materialista, como será exposto no final deste capítulo, que discute a criação da máquina inteligente.

  a) Sócrates,[1] considerado o pai da filosofia ocidental, encarna a atitude teórica do espírito grego. Esta atitude teórica se concentra na reflexão sobre o saber, com a afirmação "conhece-te a ti mesmo", e procura fazer com que os indivíduos percebam que toda atitude consciente é um saber.
  Faz a distinção de duas ordens de conhecimento, o sensível, que para ele não é objeto da ciência, e o intelectual, que é o inteligível, o conceito que se exprime pela definição.

---

[1] Sócrates nasceu em Atenas em 469 a.C., filho de Sofrônico, escritor, e Fenarete, parteira. No início da vida, Sócrates foi escritor, participou da atividade política e foi combatente em Potideia e Delium, onde carregou Xenofonte nos ombros. Morreu em 399 a.C., quando foi condenado a beber cicuta, após ser acusado de corromper a juventude e de introduzir novas divindades; na ocasião de seu julgamento, recusou a sua defesa.

Em oposição às conclusões sofistas,[2] que afirmavam a impossibilidade absoluta e objetiva do saber, Sócrates define que o objeto da ciência é o inteligível, ou seja, o objeto da ciência é a reflexão.

b) Platão,[3] discípulo de Sócrates, estende-se a outros valores que não somente os objetos práticos, os valores e as virtudes. Mas também ao conhecimento científico relativo às outras atividades, tais como: atividades do estadista, do filósofo, do poeta, que possuem conhecimento prático. A relação entre o conceito e a realidade é a base da sua filosofia. A ciência é objetiva, ao conhecimento certo deve corresponder uma realidade. Significa que, além do fenomenal, o mundo das aparências, existe outro mundo de realidades objetivamente dotadas dos mesmos atributos dos conceitos que as representam.

As ideias não são, no sentido platônico, representações intelectuais, formas abstratas do pensamento são realidades objetivas, modelos, arquétipos eternos de que coisas visíveis são cópias imperfeitas e fugazes.

c) Aristóteles,[4] discípulo de Platão, considerava que o objeto do conhecimento era o ser.

Nesse sentido, estende os seus estudos para a metafísica.[5] O fato é o ponto de partida de suas teorias, buscando na realidade um apoio sólido às especulações metafísicas. Como autor da metodologia e da tecnologia

---

[2] Os sofistas eram os mestres populares de filosofia, homens venais e sem convicções, ávidos de riqueza e de glória. Na França (1918-1942), os sofistas eram os estudiosos das ciências e das artes.

[3] Platão nasceu em Atenas, em 427 a.C., de família aristocrática e abastada. Após a morte de Sócrates, viajou para o Egito, Itália e Sicília, retornando para Atenas, onde se dedicou a ensinar e escrever em sua escola até sua morte, em 347 a.C.

[4] Aristóteles nasceu em Estagira, na Trácia, em 384 a.C., filho de Nicômaco, médico do rei Amintas, filho de Filipe II da Macedônia. Em 334 a.C. foi morar na corte a convite de Felipe II e mais tarde em Atenas, onde passou a ensinar perto de Apolo Lício, que deu origem ao nome da sua escola de Liceu. Em razão do hábito de ensinar caminhando, recebeu a denominação de peripatética. Faleceu em 322 a.C.

[5] Metafísica, de acordo com França (1918-1955), modernamente dita *ontologia* e chamada por Aristóteles de filosofia primeira, estuda o ser como tal, dos seus princípios e causas últimas, prescindindo das suas determinações sensíveis.

científica, aplica no estudo das questões o rigor metodológico, estabelecendo um procedimento por partes:

a) Objeto: a primeira coisa a ser determinada é o objeto do estudo.
b) Soluções históricas: faz-se uma enumeração das soluções já apresentadas.
c) Dúvida: estabelece dúvidas que nortearão o raciocínio para a obtenção de respostas.
d) Solução: apresenta sua própria solução.
e) Refutação das sentenças contrárias.

Quanto às teorias do conhecimento, Aristóteles as classifica em: conhecimentos teóricos, que têm por objetivo a pura especulação no campo da Física, Matemática e Metafísica; o conhecimento prático ou ativo, que tem por objetivo dirigir a ação como a ética e a política; e, por fim, o conhecimento poético ou factível, que norteia a produção, o fazer, o criar. Admite também duas ordens de conhecimento: o sensitivo, que é dividido em dois, interno e externo, e o intelectivo, cujo objeto é universal. As ideias, formas de conhecimento intelectual, não são inatas, mas adquiridas sobre a imagem sensitiva pela inteligência ativa: *Nil est in intellectu quod non fuerit prius in sensu*, ou seja, nada existe no intelecto que não tenha passado pelo sensível.

d) Para Santo Agostinho,[6] refutando o ceticismo, a origem das ideias é divina, é uma vontade de Deus. A teoria denominada iluminismo agostiniano afirma que a produção de ideias ocorre mediante uma ação imediata de Deus, ou seja, uma iluminação divina particular. Posteriormente, admite que a alma, refletindo sobre si própria, possa descobrir as ideias.

---

[6] Agostinho nasceu em Tagaste, na Numídia, em 354 d.C., filho de Patrício, que era pagão, e Mônica, cristã. Os vícios na sua juventude eram a sua satisfação, até ser convertido por Santo Ambrósio aos 33 anos e nomeado bispo de Hipona em 395 d.C.; morreu em 430 d.C.

e) São Tomás de Aquino[7] admite, no processo de conhecimento, a existência de sujeito cognoscitivo e do objeto conhecido, sendo que esta assimilação pode ser sensitiva ou intelectual. *Nil est in intellectu quod non fuerit prius in sensu*, ou seja, nada está no intelecto que antes não tenha estado no sentido.

f) René Descartes[8] reconhece a intuição como um meio autônomo de conhecimento. A partir de *Cogito ergo sum*, ou seja, penso, logo existo, vivemos como reais a partir do ato de pensar. A dúvida constante o levou à criação do método que tem por objetivo a busca da verdade.

Deve-se confiar apenas no que se puder verificar com os próprios sentidos, pois a tradição não transforma as coisas em verdades, ou seja, a dúvida deve ser uma constante.

g) Francis Bacon,[9] em oposição ao racionalismo, que afirma ser o pensamento a razão, a verdadeira fonte do conhecimento, afirma ser a experiência a única fonte do conhecimento humano.

Nada existe a priori na razão. A evolução do ser humano mostra a importância do conhecimento obtido a partir da investigação e da experimentação.

Cabe a Bacon o mérito de ter dado à indução um caráter prático e preciso na busca da verdade.

---

[7] Tomás de Aquino nasceu em 1225, descendente dos condes de Aquino, unido com laços de sangue à família imperial e às famílias reais da França, Sicília e Aragão. Ensinou em Paris (1256-1259 e 1269-1272), Anagni (1259-1261), Orvieto (1261-1265), Roma (1265-1267), Viterbo (1267-1268) e Nápoles (1273); faleceu em 1274.

[8] Descartes nasceu em La Have, na Turena, em 1596. Aos 19 anos foi à Paris, onde estudou Física e Matemática. Durante 20 anos entregou-se à meditação, ao estudo e à composição das suas obras na Holanda. Em 1649, convidado pela Rainha Cristina, da Suécia, parte para Estocolmo, onde faleceu em 1650, em decorrência do frio.

[9] Francis Bacon nasceu em 1561, em Londres. Estudou Jurisprudência e ocupou o cargo de chanceler do reino. Foi condenado à prisão na Torre de Londres e a pagar multa após acusação de peculato. Tendo obtido o perdão do rei, dedicou-se às obras; faleceu em 1626.

h) Baruch Spinoza[10] distingue no conhecimento três fases ou graus:

a) Imaginação: que nada mais é que o conhecimento insuficiente, fragmentário, individual dos modos finitos.
b) Razão: é o conhecimento dedutivo das leis gerais e princípios comuns, mais perfeitos porque nos representa as coisas, sob as características de eternidade; é o conhecimento dos atributos.
c) Intuição: mais perfeito que os anteriores, porque nos representa as coisas, sob as características da eternidade.

i) Leibniz,[11] assim como Descartes, aceita a origem do conhecimento a partir da existência de ideias inatas. Para Descartes, trata-se de conceitos mais ou menos acabados e, para Leibniz, só existe em nós potencialidade que em contato com a realidade se transforma em ideias.
j) Hobbes,[12] amigo e discípulo de Bacon, levando às últimas consequências os princípios do mestre, chega ao materialismo. Para ele, a alma é substância corpórea composta apenas de uma matéria mais sutil, e o conhecimento tem origem no sensitivo.

Partindo da premissa de que todo conhecimento origina-se na experiência e que a mente nada tem a priori, tudo é obtido a partir do

---

[10] Baruch Spinoza nasceu em 1632, em Amsterdã, filho de hebreus portugueses. Foi excomungado da sinagoga por causa da heterodoxia de suas opiniões, refugiando-se em Haia e vivendo de polir lentes. Faleceu em 1677, após uma vida de privações e de recusar uma pensão oferecida por Luis XIV e a cadeira de Filosofia de Heidelberg.

[11] Godofredo Guilherme Leibniz nasceu em 1646, em Leipzig. Até os 20 anos utilizava os livros da rica biblioteca deixada por seu pai, professor universitário. Manteve contato com Newton, Huygitens, Malebranche, Spinoza, Arnaud, Boyle e Collins. Foi nomeado conservador da Biblioteca de Hanover em 1675, onde permaneceu até sua morte em 1716.

[12] Tomas Hobbes nasceu em 1588, na Inglaterra. Viveu um período de grande turbulência política, sendo o primeiro período marcado pela Primeira Guerra Civil (1642-1645) e Segunda Guerra Civil (1648), execução do rei Carlos I (1649), governo de "Rump Parliament"(1649-1653), do Protetorado de Cromwell (1654-1658) e da Restauração da Monarquia (1660). Esse ambiente foi favorável a sua obra *Leviatã*, considerada o primeiro tratado da Teoria Geral de Política.

sensitivo. Esta posição materialista contrapõe-se ao racionalismo, que admite, como principal fonte do conhecimento, a razão, o pensamento.

k) Locke,[13] seguindo a linha do empirismo, opõe-se firmemente à teoria de que o conhecimento tem sua origem na razão. Para ele, o espírito humano é um papel em branco, no qual a experiência registra o conhecimento. Admite uma experiência externa que tem a sua origem no sensitivo, ou seja, pela percepção da matéria, e uma experiência interna ou reflexão, quando se tem a percepção dos atos e estados da consciência. Dessa forma, ao admitir a existência de verdades a priori, ele se contradiz ao princípio empirista.

l) Berkeley,[14] em oposição ao realismo, que defende a tese da existência de objetos reais independentes da consciência, firma a sua posição idealista, cuja essência é a de que o conhecimento está na ideia e que os objetos sem ela não existem.

É importante frisar que existe o idealismo no sentido metafísico, que admite uma realidade de fundo espiritual, e um epistemológico, que não admite a existência de coisas reais independentes da consciência. Para Berkeley, o idealismo tem uma base metafísica e teológica, em que a origem das ideias é divina.

m) Hume,[15] seguindo as ideias de Locke, defende os princípios fundamentais do empirismo, segundo o qual a consciência cognoscitiva obtém seus conteúdos sem exceção da experiência. Também reconhece na matemática um conhecimento independente da experiência. Todos os conceitos têm sua origem na experiência, mas as relações existentes são válidas, independentemente da experiência.

---

[13] John Locke nasceu em 1632, na Inglaterra. Estudou Medicina e Filosofia em Oxford; ocupou vários cargos políticos na Inglaterra após um período de exílio na Holanda, e faleceu em 1704.

[14] George Berkeley nasceu em 1685, em Dublin, e estudou no Trinity College. Sua leitura consistia de Platão, Descartes, Malebranche e Locke. Faleceu em 1753, na Irlanda, onde era Bispo Anglicano de Cloyne.

[15] David Hume nasceu em 1711, na Escócia. Estudou Filosofia e Jurisprudência e foi bibliotecário da University of Edinburgh. Morreu em 1776.

n) Kant[16] tenta uma mediação entre o racionalismo e o empirismo, fazendo surgir o apriorismo, cujo princípio diz: "os conceitos sem as intuições são vazios, as intuições sem os conceitos são cegos". Fica, então, definida a origem do conhecimento, das intuições e dos conceitos. As intuições têm como fonte a sensibilidade. O conceito é uma representação universal ou uma representação daquilo que é com todos os objetos; logo, uma representação na medida em que pode estar contida em diferentes objetos. No conceito é possível distinguir matéria e forma. A matéria dos conceitos é o objeto, e sua forma, a universalidade.

A matéria para os sentidos é o objeto da experiência, para a inteligência são intuições ou impressões sensíveis, para a razão são os juízos da inteligência.

A forma é o que o sujeito acrescenta de seu à matéria proposta; é o elemento, em princípio, dependente da natureza do sujeito e, por isso, constante e universal como a mesma natureza específica.

As formas da intuição são espaço e tempo. A consciência cognoscitiva ordena esse caos de sensações no espaço e no tempo em uma justa posição e em uma sucessão. Sendo assim, a consciência cognoscitiva constrói o mundo de seus objetos. A construção desse edifício é determinada pelas leis emanentes no pensamento pelas formas e função da consciência.

O espaço é a forma da sensibilidade externa, por meio da qual localizamos o objeto fora de nós. O tempo é a forma da sensibilidade interna, mediante a qual percebemos os fatos conscientes, uns depois dos outros, como sucessivos.

Pelos fenômenos internos, a forma do tempo pode também aplicar-se aos objetos externos.

Para Kant, o conhecimento é perfeito: segundo a quantidade quando é universal, segundo a qualidade quando é distinto, segundo a relação quando é verdadeiro e segundo a modalidade quando é certo.

---

[16] Immanuel Kant nasceu em 1724 em Königsberg. Em 1755 torna-se livre-docente e ocupa a cátedra de Filosofia de 1770 até 1797. Faleceu em 1804 na mesma cidade onde nasceu e viveu.

Segundo a quantidade, o conhecimento pode ser extensivo, no que se refere à sua quantidade e multiplicidade, e intensivo, quando se refere ao seu conteúdo.

Segundo a qualidade, o primeiro grau da perfeição do conhecimento é a clareza; em um grau superior da clareza, tem-se a distinção, que é a clareza das características.

O conhecimento é claro quando é suficiente para reconhecer, entre todos os outros, o objeto que representa. É distinto quando todos os elementos que o compõem são conhecidos e discernidos pelo espírito.

Segundo a relação, a perfeição do conhecimento é essencial e inseparável da verdade. O conhecimento é dito verdadeiro quando existe a concordância do objeto com o conhecimento, a priori, do sujeito.

Segundo a modalidade, a perfeição do conhecimento é a certeza, que, por sua vez, é o assentimento subjetivo da verdade.

A verdade é propriedade objetiva do conhecimento. O assentimento é o juízo pelo qual é apresentado como verdadeiro um entendimento.

o) O positivismo de Comte[17] vem reforçar as ideias materialistas do empirismo negando a metafísica. Para ele, não existe outra fonte de conhecimento que não seja o sensível, ou seja, o real. Dessa forma, o homem só tem um modo de conhecer, que é por meio do positivismo, só o sensível é objeto do conhecimento, só o sensível é real.

p) Spencer,[18] o fundador do agnosticismo ou ceticismo religioso, seguindo a linha de Comte, aceita a existência do conhecimento a partir de uma realidade cognoscível e afirma o desconhecimento do absoluto. A grande contribuição do ceticismo foi estabelecer que a existência da dúvida constante leva os indivíduos a buscarem respostas para justifi-

---

[17] Auguste Comte nasceu em 1798, em Montpellier. Estudou Matemática em Paris e em 1826 iniciou o curso de Filosofia, interrompido por dois anos por causa de uma crise de loucura. Faleceu em 1857.

[18] Herbert Spencer nasceu em 1820. Foi um engenheiro, em princípio. Suas obras representam uma verdadeira enciclopédia de conhecimentos científicos do século XIX. Em 1857, antes de Darwin, propôs a luta pela vida com a consequente sobrevivência do mais apto como principal agente da evolução biológica. Faleceu em 1903.

car a sua posição, contribuindo, assim, para o desenvolvimento espiritual do indivíduo e da humanidade.

1.2 A Filosofia e o conhecimento

No sentido mais amplo, a filosofia[19] é uma tentativa do espírito humano de chegar a uma concepção do universo, mediante a autorreflexão sobre suas funções valorativas, teóricas e práticas.

Como reflexão sobre a conduta teórica, a Filosofia é teoria da ciência. Está, por sua vez, dividida em formal, que é a lógica, e material, que é a teoria do conhecimento.

Enquanto a lógica investiga os princípios formais do conhecimento, ou seja, as formas e as leis mais gerais do pensamento humano, a teoria do conhecimento dirige-se aos aspectos materiais mais gerais do conhecimento científico.[20]

A teoria do conhecimento é uma explicação e interpretação filosófica do conhecimento humano. Antes de qualquer explicação e interpretação de um objeto, este deve ser rigorosamente observado e examinado. Comumente define-se conhecimento como a apreensão de um objeto pelo sujeito, mas, na verdade, esta relação é mais profunda do que se pode imaginar. O sujeito cognoscitivo, a consciência, tem como função a apreensão do objeto. Essa apreensão, já que o objeto transcende ao sujeito, realiza-se mediante uma saída do sujeito para fora de sua esfera para captar as propriedades do objeto, sendo que essas propriedades surgem como imagem no sujeito.

Isso caracteriza o dualismo no conhecimento dado pela existência do sujeito e do objeto. É importante frisar que um sujeito só é sujeito para um objeto e que um objeto só é objeto para um sujeito; portanto, estes permanecem separados. Nesse processo, o sujeito não se comporta passivamente, mas contribui

---

[19] Sócrates: Filosofia é autorreflexão do espírito sobre os supremos valores teóricos e práticos, sobre os valores do verdadeiro do bom e do belo. Aristóteles: Filosofia é a ciência dos primeiros princípios e das primeiras causas, concepção do universo.

[20] Para mais esclarecimentos, consultar Jasper (1930-1938) e Hessen (1938, p. 23).

espontânea e ativamente na construção da imagem do objeto, sendo este o determinante, e o sujeito, o determinado. Todo objeto do conhecimento independe da consciência cognoscitiva e a transcende.

No processo de conhecimento, o objeto transcende e independe do sujeito cognoscitivo. Os objetos podem ser:

- Reais: quando são dados pela experiência externa ou interna, ou que se inferem dela.
- Ideais: os objetos ideais são abstratos, ou seja, meramente pensados. Os sujeitos da matemática, números e figuras geométricas, são objetos ideais. Cabe destacar que estes objetos ideais possuem um ser em si ou transcendência; no sentido epistemológico, são independentes de pensamento subjetivo, da mesma forma que os objetos reais.

Sendo o conhecimento a apreensão do sujeito pelo objeto, é importante identificar quando a imagem pensada, ou seja, a imagem existente na consciência coincide com o objeto, pois o único conhecimento é aquele com base na verdade; daí a necessidade de se discutir o que é verdadeiro e o que não é, ou seja, o que é falso.

Quando não há contradição na relação entre a imagem contida no pensamento com o objeto, então, diz-se que o conhecimento é verdadeiro. Uma discussão mais profunda a esse respeito será desenvolvido no Capítulo 2.

1.3 Natureza do conhecimento

A Filosofia foi a ciência que através dos tempos procurou explicar o conhecimento, a natureza do conhecimento e o processo do conhecimento. Para definir a posição da teoria do conhecimento no campo da Filosofia, é necessário dividi-la em diversas disciplinas.

Em primeiro lugar está a teoria da ciência ou conduta teórica do espírito humano, que se divide em formal, ou lógica, e material, que é a teoria do conhecimento. Em segundo lugar, a teoria dos valores ou da conduta prática do espírito que, por sua vez, se divide em valores éticos, estéticos e religiosos, dando origem às disciplinas ética, estética e filosofia da religião. Em terceiro, a autorreflexão, ou seja, a reflexão do espírito sobre si mesmo, que é um meio ou um caminho para se chegar à concepção do universo. Esta se divide em metafísica da natureza, metafísica do espírito e a teoria do universo em sentido estrito, que investiga os problemas de Deus, a liberdade e a imortalidade.

Nos vários campos da Filosofia ou das ciências particulares, o ser humano contenta-se, momentaneamente, com as conclusões obtidas em cada uma dessas ciências. Mas o espírito humano não deixa de questionar enquanto não tenha chegado à causa suprema, a razão derradeira que explica tudo; somente então se declara satisfeito. Essa busca incessante é que leva ao conhecimento filosófico.

Conhecimento intuitivo

O ser humano toma conhecimento do mundo exterior de diversas maneiras. Em princípio, utilizando os órgãos dos sentidos, que transmitem ao cérebro a existência dos objetos por algumas de suas qualidades. A percepção de um objeto ocorre a partir das sensações causadas pelas suas qualidades. É o experimentar, o sentir, que caracteriza a sensação e a difere de outros fenômenos materiais, sendo imediata e exclusivamente um fato de consciência. A percepção imediata, ou seja, aquela cujo objeto passa para a mente sem a necessidade de algum conhecimento prévio, também chamado conhecimento imediato, é o conhecimento intuitivo, cuja origem está na experimentação e no sentir mediante as sensações transmitidas pelos órgãos dos sentidos.

Além da experiência externa, existe outra interna, também denominada reflexão. Enquanto a experiência externa utiliza-se dos órgãos dos sentidos para a apreensão do objeto, a interna se limita a unir e comparar os diferentes dados da externa. Pelos órgãos dos sentidos, o sujeito distingue a cor roxa e a cor verde, mediante uma experiência externa, utilizando o órgão da visão; com a interna, ele pode afirmar que o roxo é diferente do verde.

Conhecimento racional

Opondo-se à experiência como fonte de conhecimento, existe o chamado racionalismo (de razão), que só admite o conhecimento racional, afirmando que a razão é a verdadeira fonte do conhecimento. Admite a existência de um conhecimento a priori, independente da experiência. Descartes, o pai da Filosofia Moderna, defendia a existência das ideias inatas, ou seja, os conceitos fundamentais do conhecimento. O conhecimento matemático é um exemplo desse racionalismo, porque trata de um conhecimento conceitual e dedutivo.[21]

Conhecimento intelectual

Superando esse antagonismo razão e experiência, surge o intelectualismo (*intelligere – intus + legere* = ler no interior), admitindo ambos como fonte do conhecimento, ou seja, a razão e a experiência na produção do conhecimento.

Enquanto para o racionalismo os conceitos são inatos e para o empirismo estes são adquiridos mediante experiências, o intelectualismo os deriva da experiência, ou seja, a consciência cognoscitiva retira os conceitos fundamentais da experiência, tendo como axioma fundamental a frase: *Nihil est in intellectu quod prius non fuerit in sensu.*

1.4 Conhecimento científico

Segundo Kant, existem conhecimentos de natureza formal, a priori, recebendo estes o conteúdo dado pela experiência;[22] este é o conhecimento científico. É universalmente aceita a ideia de que o conhecimento humano não se limita ao mundo fenomênico, mas avança até a esfera metafísica, na busca de uma visão filosófica do universo.

---

[21] Para Platão, os sentidos não conduzem nunca ao verdadeiro saber. Descartes e seu seguidor Lebnitz admitiam a existência de certo número de conceitos inatos, que são os fundamentos do conhecimento.

[22] Para Kant, os conceitos sem as intuições são vazios, as intuições sem os conceitos são cegos.

A fé religiosa também dá a sua interpretação do universo e da sua existência. A principal discussão trata de como se relacionam a religião e a filosofia, a fé e o saber. Alguns admitem uma identidade entre religião e filosofia, ou seja, não há diferença entre uma e outra, a religião é filosofia e vice-versa.

O objetivo de ambas é a busca do saber. Na Idade Moderna, a filosofia buscava os seus conhecimentos na tradição religiosa. Para outros, existe uma identidade parcial, ou seja, filosofia e religião têm uma esfera comum. Segundo São Tomás de Aquino, esta identidade é parcial, ou seja, ambas, filosofia e religião, têm uma esfera comum; a religião se fundamenta materialmente na filosofia e a fé, no saber.

Em oposição ao sistema de identidade, existe o sistema dualista. O sistema dualista extremado separa completamente os dois campos, o religioso e o filosófico. O campo do saber é o mundo fenomênico, o campo da fé é o mundo suprassensível; para Kant, a metafísica é impossível como ciência, não existe um saber suprassensível.

O sistema dualista moderado admite a existência de dois campos distintos, o religioso e o filosófico, que se tocam em um ponto, que é a ideia do absoluto.

1.5 O estudo do conhecimento na atualidade

A ideia da construção de animais sintéticos fazendo surgir o reino artificial já vem da antiguidade, caracterizando a existência do conflito entre o racionalismo e o empirismo. O racionalismo admite o pensamento e a razão como verdadeiras fontes do conhecimento. Os princípios racionais têm caracteres universais, necessários, que, em certa medida, a priori, os diferenciam das verdades empíricas.

Os conteúdos das experiências não dão nenhum apoio ao sujeito pensante para a elaboração dos conceitos. Para os empiristas, a mente humana é uma folha em branco que vai receber da experiência todo o conhecimento.

A cibernética

O avanço das várias ciências e a sua interfecundação têm possibilitado um grande progresso no que diz respeito ao estudo da mente humana.

De acordo com as ideias de Claud Bernard (apud De Latil, 1968, p. 16):

> Os órgãos nervosos não são outra coisa senão aparelhos de mecânica e de física criados pelo organismo. Estes mecanismos são mais complexos do que os dos corpos brutos, mas não diferem deles quanto às leis que regem seus fenômenos. É por isso que podem ser submetidos às mesmas teorias e estudados pelos mesmos métodos...

A interfecundação das ciências biológicas e matemáticas, principalmente, vão determinar o surgimento da Cibernética, que é a ciência que estuda as máquinas automáticas e os seres vivos em seu sistema autogovernado.

Modernamente, com fundamentação empírica, procura-se responder questões epistemológicas de longa data, sobretudo as relativas à natureza do conhecimento, seus componentes e suas origens, seu desenvolvimento e seu emprego.

A nova ciência da mente

O sucesso desta nova ciência, que tem como objetivo o estudo da mente humana, vai depender de estudos envolvendo as várias ciências, tais como: Filosofia, Psicologia, IA (Inteligência Artificial), Linguística, Antropologia e Neurociência.

Cada uma destas ciências tem seu próprio campo de ação perfeitamente definido. O avanço desta nova ciência, a ciência da mente, dependerá da eliminação das fronteiras entre elas.

Um dos grandes problemas é a dificuldade de se promoverem estudos interdisciplinares com esse objetivo, ou seja, direcionar os seus estudos no sentido de um maior entendimento da mente humana.

A Filosofia, segundo Aristóteles:

> A ciência dos primeiros princípios e das primeiras causas estará sempre dialetizando, ou seja, sempre formulando novas questões a ser desenvolvidas, o que mantém a dinâmica do desenvolvimento da mente, pois o ser humano não se satisfaz enquanto não encontra as respostas necessárias.

Em função disso, ela se torna importante para o desenvolvimento desta nova ciência, a ciência da mente. Para alguns psicólogos congnoscitivistas, a Psicologia tem contribuído para esta nova ciência identificando fenômenos que vão do número de unidades que podem ser mantidas na mente em um momento qualquer à maneira pela qual as formas geométricas "são manipuladas mentalmente" por adultos normais, estabelecendo comparações que vão da diferença entre operações concretas e formais nas crianças ao contraste entre a representação das formas visuais da imagética.

A IA é o estudo de como fazer os computadores realizarem coisas que, no momento, as pessoas fazem melhor. Partindo da premissa da possibilidade de se descrever com precisão o comportamento ou os processos de pensamento de um organismo, seria possível projetar um robô que operasse de forma idêntica.

Durante a Primeira Guerra Mundial, os estudos de pacientes com lesões cerebrais permitiram que se chegasse a um conhecimento mais profundo do cérebro humano. Posteriormente, cientistas mostraram que as operações de uma célula nervosa e suas conexões com outras células nervosas (rede neural) podiam ser moduladas em termos de lógica. Os neurônios podiam ser pensados como enunciados lógicos; e a propriedade de tudo ou nada de impulsos (ou não impulsos) nervosos poderia ser comparada à operação do cálculo proposicional (em que uma proposição ou é verdadeira ou é falsa).

A importância do estudo da linguagem decorre do fato de ela ser fundamental para se exprimirem ideias e se obterem informações (conhecimentos).

Wittgenstein (apud Gardner, 1995, p. 83) via a linguagem como uma atividade inerentemente pública ou comunitária; segundo ele, as pessoas são introduzidas na linguagem por outras pessoas da comunidade e, dessa forma, aprendem como usar as palavras.

É importante verificar que, na maioria das sentenças, a linguagem deve ser considerada não só em termos de seu sentido literal, mas também com relação ao uso que é dado por aquele que profere a expressão.

Quando se diz: "Está muito quente aqui.", isso pode significar um pedido para abrir uma janela, uma afirmação quanto à temperatura em uma sala ou pode se referir a um ambiente muito tenso. Essa é uma das dificuldades na construção de máquinas inteligentes, pois, como dito na frase, a linguagem pode ser entendida de várias formas.

A Antropologia é a ciência que diz respeito ao estudo da analogia entre as sociedades e o desenvolvimento individual do homem. Dessa forma, pode-se avaliar a importância do contexto em que o indivíduo vive sobre o seu avanço mental.

A Neurociência tem como objeto o estudo do sistema nervoso e sua importância para a nova ciência da mente, assim como criar a possibilidade de estabelecer a analogia entre o ser humano e a máquina. É evidente que a criação de uma máquina inteligente vai depender, principalmente, do conhecimento do cérebro humano.

É importante ressaltar que todos os estudos para a criação desta nova ciência procuram não considerar determinados fatores, tais como a afetividade, a emoção, o contexto sociocultural, entre outros, para não complicar o seu desenvolvimento.

No limiar do terceiro milênio, verifica-se que continua em aberto a discussão a respeito do conhecimento, da mente humana, da dicotomia entre o racionalismo e o empirismo, como forma de busca da verdade.[23]

---

[23] Para um maior aprofundamento quanto à atualidade dessa discussão ler: GARDNER, Howard. *A nova ciência da mente*: uma história da revolução cognitiva. Introdução de Claudia Malberggier Caon. São Paulo: Edusp, 1995; e DE LATIL, Pierre. *O pensamento artificial*: introdução à cibernética. São Paulo: Ibrasa, 1968.

Capítulo 2

Lógica e conhecimento

O conhecimento é definido como a apreensão de um objeto pelo sujeito, ou seja, o sujeito cognoscitivo, a consciência, tem como função a apreensão do objeto. Para Kant (1992, p. 50), existe uma dupla relação, primeiro a relação entre sujeito e objeto e, segundo, uma relação com a consciência, sendo esta uma representação de que outra representação está no sujeito.

É importante distinguir a matéria, o objeto e a forma, ou seja, o modo como se conhece o objeto. Como exemplo, pode-se citar a visão de um carro de Fórmula 1, essência da tecnologia automobilística, por um indivíduo que tem conhecimento de seu uso e por outro que não tenha nenhuma informação deste objeto. Para o segundo, é um mero conhecimento intuitivo, ou seja, é o conhecimento adquirido pela visão do objeto, conhecimento sensitivo. Para o primeiro, que tem na sua consciência o conhecimento do uso do objeto, além do conhecimento intuitivo, há o conhecimento conceitual. Para o segundo, que não está consciente da representação do objeto, a forma do conhecimento é obscura. Para o primeiro, que está consciente desta representação, pois que já tem na sua consciência a representação do objeto, a forma do conhecimento é clara. É com esta forma de conhecimento que a lógica se preocupa.

Para Jaspers (1930, p. 263), lógica é a ciência das leis ideais do pensamento e a arte de aplicá-las corretamente à indagação e à demonstração da verdade.

Já para Kant (1992, p. 33), a lógica é uma ciência não segundo a mera forma, mas segundo a matéria, uma ciência, a priori, das leis necessárias do pensamento, porém não relativamente a objetos particulares, mas a todos os objetos em geral; portanto, uma ciência do uso correto do entendimento e da razão em geral, mas não subjetivamente, quer dizer, não segundo princípios empíricos (psicológicos) sobre a maneira como se pensa o entendimento, mas objetivamente segundo princípios, a priori, de como ele deve pensar.

O entendimento é a fonte e a faculdade de pensar regras, as quais são submetidas às representações dos sentidos. Existem as regras necessárias, sem as quais não seria possível qualquer uso do entendimento. São regras discernidas, independentemente de toda experiência, porque contêm, sem distinção dos objetos, as meras condições do uso do entendimento, seja puro ou empírico. O entendimento puro ou a priori é aquele que independe do conhecimento derivado dos objetos, concebendo apenas a forma e não a matéria.

As regras contingentes são aquelas que dependem de um objeto determinado do conhecimento; são tão diversas quanto os objetos do conhecimento.

A ciência que trata das leis necessárias do entendimento e da razão geralmente, ou seja, da mera forma do pensamento em geral, é o que se chama lógica (Kant 1992, p. 30).

Esta mera forma do pensamento em geral, o acordo do pensando consigo mesmo, que faz a abstração da matéria, é a lógica formal.

As regras que determinam o acordo do pensamento com o objeto é a lógica especial ou aplicada; quando tratam dos critérios da verdade, é a lógica crítica.

2.1 Lógica formal

O acordo do pensamento consigo mesmo, que faz a abstração da matéria, denomina-se lógica formal, que se divide em três partes, a ideia, o juízo e o raciocínio.

Ideia

Define-se ideia como a simples representação de um objeto, que pode ser chamada de noção ou conceito.

Uma ideia é adequada quando esgota todos os elementos possíveis de reconhecimento do objeto. Quando isso não acontece, é inadequada ou incompleta, ou seja, quando não se esgota todo o conhecimento relativo ao objeto.

Ela pode ser clara ou obscura quando permite ou não o reconhecimento do objeto que representa entre todos os outros objetos. É distinta quando todos os elementos que a compõem são conhecidos e discernidos pela consciência cognoscitiva, caso contrário é confusa.

A expressão verbal da ideia denomina-se termo, que no sentido gramatical é a palavra e não deve ser confundida com o seu sentido lógico. Um termo pode ser constituído de várias palavras para expressar uma ideia ou uma só palavra pode expressar várias ideias e equivaler a vários termos.

Exemplos:

- A palavra ideia pode ter vários sentidos. De acordo com a frase poderá ter sentidos diferentes. Dependendo do texto pode significar, entre outros: imaginação, juízo, conhecimento.
- O termo produto interno bruto expressa a ideia da quantidade de riqueza criada no país.

Quanto à compreensão, o conteúdo de uma ideia é o conjunto dos elementos que a constituem e a abrangem. Quando composta de um só elemento, é simples; é composta quando se compõe de mais de um elemento.

A ideia pode ser singular, particular ou geral.

Quanto à extensão, a ideia pode ser singular ou individual quando representa um só indivíduo determinado, por exemplo, essa caneta, esse lápis, essa borracha.

É denominada particular quando representa uma parte indeterminada de uma classe ou de um gênero, por exemplo, muitas canetas, muitos lápis, muitas borrachas.

A ideia geral designa todos os indivíduos de um mesmo gênero ou de uma mesma espécie. Por exemplo: homem, triângulo, caneta.

Segundo Porfírio, a classificação das ideias gerais, de acordo com as compreensões crescente e decrescente, também chamadas de Árvore de Porfírio, é a seguinte:

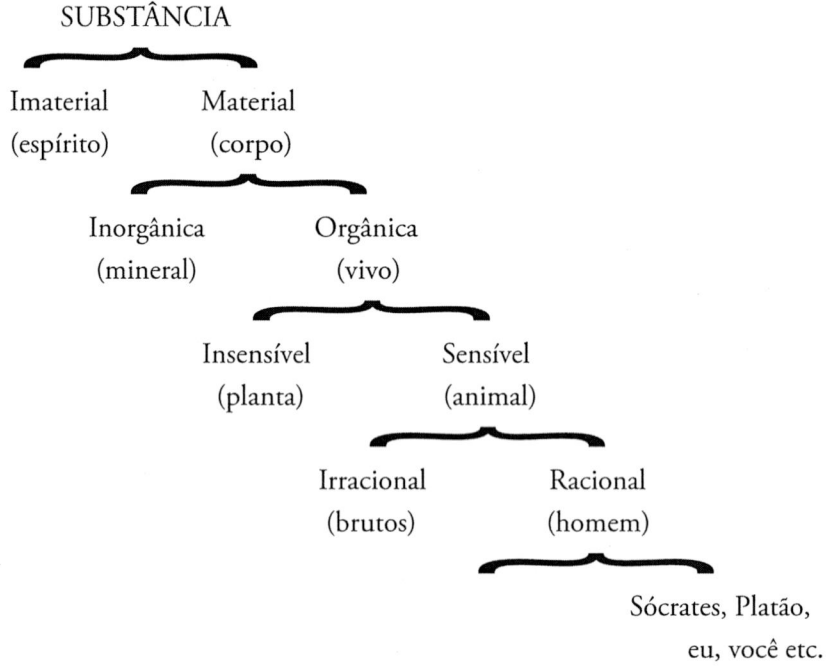

A ideia universal prescinde de todos os elementos da experiência sensível; estende-se, por isso, tanto aos seres espirituais como aos materiais, como à causa, à substância, à ação.

A ideia transcendental é aplicável a todo ser existente ou possível. Tais são as ideias metafísicas do ser, do verdadeiro, do bom.

É importante frisar que, quanto mais extensa a ideia, mais difícil é a sua compreensão.

Toda ideia que contém em si outras ideias denomina-se gênero. A espécie é a ideia que compreende só indivíduos. Dessa forma, quando se fala em racional, refere-se a gênero, uma vez que o ser racional envolve outras ideias gerais, tais como a de ser um animal sensível e de ser uma substância corpórea. Como exemplo de espécie, pode-se citar: Você, pesquisador, que representa só indivíduos.

Os atributos que convêm a uma ideia para a sua compreensão são chamados necessários e constituem a essência expressa por esta ideia. Por exemplo, quando se refere ao homem, sabe-se que é da sua essência ser racional e animal. Os atributos acidentais são aqueles não necessários à compreensão da ideia; por exemplo, pato preto, ou seja, a compreensão da ideia "pato" não necessita do atributo "preto".

Regras formais da ideia

As regras formais da ideia, também chamadas lógica formal, buscam a compreensão do objeto, não permitindo a compreensão das ideias contraditórias. A existência na consciência cognoscitiva de forma distinta do que seja um círculo e um quadrado jamais será aceita a compreensão de um círculo quadrado.

A análise da compreensão, ou seja, do conteúdo de uma ideia, vai permitir a transformação de uma ideia confusa (como um círculo quadrado) em duas ideias distintas, em que todos os elementos que a compõem são conhecidos e discernidos pela mente (a ideia da existência de um círculo e a ideia da existência de um quadrado). A compreensão de uma ideia é possível a partir da análise, e esta depende da definição, que pode ser da palavra e do objeto.

No sentido etimológico, "definição" vem do latim *definire*, que significa limitar, ou melhor, explicar o sentido de uma palavra ou a natureza de uma coisa.

A clareza de uma ideia depende da definição verbal, ou seja, a definição do significado da palavra. Quando se refere ao mamífero, sabe-se que este se alimenta do leite materno, havendo, portanto, uma definição verbal. Para torná-lo distinto dos demais (mamíferos), pode-se dizer que se trata de um ser sensível, vivo e material.

Segundo Aristóteles, a definição perfeita consiste em exprimir a essência da coisa pelo gênero próximo e pela diferença específica. Na definição de homem, enuncia-se o gênero próximo "animal" e a diferença específica "racional"; logo, homem é um animal racional.

Quando se trata de definir a palavra ou o objeto, é importante a observação das seguintes regras:

a) A palavra a ser definida não deve entrar na definição. Por exemplo, conhecimento: é o ato de conhecer.
b) Nunca definir uma ideia pelo contrário. Por exemplo, um objeto está em movimento quando não está parado.
c) A definição deve convir a todo o definido e só a ele. Por exemplo, animal racional: Homem, só ao homem cabe a qualidade de animal racional.
d) A definição deve ser mais clara que o definido. Por exemplo, drágea, que significa comprimido ou pílula medicamentosa.
e) A definição dever ser breve. Por exemplo, homem: animal racional.

Deve-se considerar também a semântica, que explica o sentido que se dá à palavra. Por exemplo: Grana é muito utilizada para expressar dinheiro.

É importante, também, a definição da palavra segundo a sua etimologia ou origem. Por exemplo: a palavra "república", cuja origem etimológica é latina, sendo: res (coisa), pública (do povo).

Juízo

Quando se afirma que o carro é amarelo, é estabelecida uma distinção entre este e os demais carros. Este ato da consciência cognoscitiva denomina-se juízo.

Verifica-se, pois, que o juízo encerra três elementos:

a) Sujeito: elemento do qual se afirma alguma coisa, carro.
b) Atributo: é aquilo que se afirma do sujeito, amarelo.
c) Verbo: elemento de ligação entre o sujeito e o atributo, é.

Quando se analisa o juízo dentro da lógica formal, devem ser consideradas as seguintes regras:

- O juízo analítico é verdadeiro, pois o pensamento, para estar de acordo consigo mesmo, não poderia negar a existência de um atributo que já foi aceito como parte do sujeito.
- Todo juízo sintético é falso quando o atributo é contrário à ideia do sujeito; neste caso, o juízo é falso.
- Quando o atributo não é contraditório à ideia do sujeito, isto é, não é nem verdadeiro nem falso, mas simplesmente possível. Só a experiência vai permitir verificar se o atributo pertence ou não ao sujeito; neste caso, não pertence à lógica formal.

Proposição

A proposição é o enunciado de um juízo, por exemplo, o carro é amarelo; note que ela se compõe de dois termos e um verbo.

No seu aspecto quantitativo, ela é geral quando envolve o sujeito no seu todo. Por exemplo: Todos os animais são mortais.

É particular, quando envolve o sujeito em uma parte restrita. Por exemplo: Alguns animais são bons.

No seu aspecto qualitativo, a proposição pode ser afirmativa ou negativa.

Diz-se afirmativa quando se expressa uma relação de conveniência. Por exemplo: Alguns homens são bons. É negativa quando a relação afirmada é de não conveniência. Por exemplo: Alguns homens não são injustos.

Combinando o aspecto quantitativo e o qualitativo, os escolásticos definiram quatro espécies de proposições.

A proposição geral afirmativa: Todo homem é mortal.

A proposição geral negativa: Nenhum homem é imortal.

A proposição particular afirmativa: Alguns homens são virtuosos.

A proposição particular negativa: Alguns homens não são virtuosos.

Tipos de proposições

A proposição pode ser simples ou composta. Denomina-se simples quando exprime a conveniência ou a não conveniência entre um atributo e um sujeito. Por exemplo: Todo homem é mortal.

Nesta proposição, o atributo mortal se ajusta perfeitamente ao sujeito homem, pois não é possível admitir a ideia de um homem que não seja mortal.

A proposição simples de não conveniência ocorre quando o atributo não convém ao sujeito. Por exemplo: Todo homem não é imortal.

A proposição é dita composta quando há pluralidade de sujeitos e/ou de atributos, ou seja, quando há mais de um sujeito e atributo. Esta pluralidade pode aparecer claramente na oração, por exemplo: Pedro e Paulo são brasileiros. Equivale a dizer que Pedro é brasileiro e Paulo é brasileiro.

Pode ocorrer de esta pluralidade não se apresentar com clareza; neste caso, torna-se necessário o desdobramento em proposições simples. Por exemplo: Só Deus é grande.

Desdobrando em proposições simples, teremos: Deus é grande; os outros seres não são grandes.

Existem proposições que não afirmam nem negam, de maneira absoluta, o atributo do sujeito, mas somente em uma dada hipótese; são as chamadas proposições hipotéticas.

A proposição hipotética pode ser:

- Condicional: esta proposição afirma ou nega sob condição. Por exemplo: Caso eu ganhe na loteria, ficarei feliz. Nesta proposição, a felicidade depende da condição de ganhar na loteria.
- Disjuntiva: é a proposição em que os membros estão unidos pela conjunção, ou seja, propõe uma escolha entre duas ou mais alternativas. Por exemplo: Qualquer animal é racional ou irracional.
- Conjuntiva: esta proposição está ligada ao princípio da contradição, ou seja, a mesma coisa não pode, ao mesmo tempo e no mesmo sentido, ser e não ser. Não se pode formular uma proposição afirmando ser o homem um ser irracional. Por exemplo: Não se pode afirmar que Kant exerceu grande influência e que Kant não exerceu grande influência no estudo da lógica.

Raciocínio dedutivo e indutivo

É uma operação da consciência cognoscitiva que, de uma ou várias relações conhecidas, conclui, logicamente, outra relação. A lógica formal se ocupa do encadeamento das proposições que compõem o raciocínio que permite concluir.

Como exemplo; se A é igual a B e B é igual a C, então, A é igual a C. Não importa o que sejam A, B ou C, pois a preocupação é com a consequência e não com a matéria do raciocínio. Daí a existência de duas espécies de raciocínio:

- Quando o conhecido é a proposição geral e o que se ignora é a consequência ou o caso particular, o raciocínio é dedutivo.
  Por exemplo:
  – Todos os homens são racionais.
  – Todos os brasileiros são homens.
  – Portanto, todos os brasileiros são racionais.
- Às vezes, o conhecido é o caso particular e o que se desconhece é a proposição geral; neste caso, o raciocínio é indutivo.

Por exemplo:
- Todos os brasileiros são racionais.
- Todos os brasileiros são homens.
- Portanto, todos os homens são racionais.

O processo dedutivo pode ocorrer de duas formas; quando a conclusão é obtida a partir de uma só proposição, denomina-se dedução imediata. Já quando é obtida a partir de várias proposições, denomina-se dedução mediata.

Dedução imediata

A dedução imediata é a conclusão obtida a partir de uma só proposição, que pode ser feita por meio de dois processos.

Oposição

Quando a proposição, tendo os mesmos sujeito e atributo, difere na quantidade e na qualidade.

- Denominam-se contraditórias quando diferem ao mesmo tempo na quantidade e na qualidade.
  Por exemplo: Todo homem é francês; nesta proposição, a contraditória é: Algum homem não é francês.
- Quando diferem apenas na qualidade, chamam-se contrárias, quando gerais.
  Por exemplo: Todo homem é francês; a proposição contrária é: Todo homem não é francês.
- Quando a proposição é particular e só difere na qualidade, é denominada subcontrária.
  Por exemplo: Algum homem é francês; a proposição subcontrária é: Algum homem não é francês.
- São consideradas proposições subalternas quando diferem apenas na quantidade.
  Por exemplo: Todo homem é francês; a proposição subalterna é: Algum homem é francês.

Regras para a dedução imediata

De acordo com a oposição:

- Duas proposições contraditórias não podem ser verdadeiras e falsas ao mesmo tempo; quando uma é verdadeira, a outra será necessariamente falsa e vice-versa. Uma coisa é ou não é.
  Por exemplo: Todo homem é francês; a proposição contraditória é: Algum homem não é francês.
- Quando há proposições contrárias, da verdade de uma deduz-se, imediatamente, a falsidade de outra, mas da falsidade de uma não se conclui a verdade ou a falsidade da outra; porém, ambas podem ser falsas.
  Por exemplo: Todo homem é francês; a proposição contrária é: Nenhum homem é francês.
- Quando há duas proposições subcontrárias, da falsidade de uma segue-se a verdade da outra, mas da verdade de uma não se conclui nada a respeito da outra.
  Por exemplo: Algum homem é francês; a proposição subcontrária é: Algum homem não é francês.
  Partindo-se da premissa de que a primeira proposição é falsa (Algum homem é francês), segue-se que a segunda é verdadeira (Algum homem não é francês). Mas, admitindo-se a primeira como verdadeira, nada se conclui a respeito da segunda, pois da afirmação de que: Algum homem é francês, nada se conclui a respeito da segunda proposição: Algum homem não é francês.
- A proposição subalterna é aquela que difere apenas na quantidade.
  Da verdade de uma proposição geral, pode-se concluir, imediatamente, a verdade da particular.
  Por exemplo: Todo homem é francês; desta proposição geral pode-se concluir a proposição particular: Algum homem é francês.
  Mas, da falsidade da proposição geral, nada se conclui. Da verdade de uma proposição particular, nada se pode concluir com relação à geral.
  Por exemplo: Da verdade da proposição particular: Algum homem é francês, nada se conclui da proposição geral: Todo homem é francês.

O fato de que algum homem é francês não permite concluir que todo homem seja francês.

Entretanto, da falsidade do particular (Algum homem é francês), conclui-se, imediatamente, a falsidade da proposição geral (Todo homem é francês).

Conversão

Enquanto no processo de oposição, cuja dedução é obtida a partir dos mesmos sujeito e atributo, diferindo na quantidade e na qualidade, a conversão consiste em deduzir uma proposição de outra mudando-se os termos, ou seja, mudando-se o sujeito para atributo e o atributo para sujeito.

Por exemplo: Nenhum círculo é quadrado. Fazendo-se a conversão, tem-se: Nenhum quadrado é círculo.

A proposição convertida não deve negar nem acrescentar nada à proposição primitiva.

Dedução mediata (silogismo)

Enquanto a dedução imediata obtém conclusões a partir de apenas uma proposição, na dedução mediata a conclusão é obtida a partir de duas proposições chamadas premissas, das quais, por intermédio de duas ideias, obtém-se uma terceira. Este processo de dedução mediata denomina-se silogismo.

Por exemplo, a partir das premissas: A igual a B e B igual a C, se conclui que A é igual a C.

Como já exposto, todo silogismo contém três proposições, nas quais três termos são comparados dois a dois. Os termos podem ser:

- O grande termo, que figura como atributo na conclusão. É dos três termos o que tem maior extensão.
- O pequeno termo, que figura na conclusão como sujeito, é o que tem extensão mais restrita.
- O termo médio é o intermediário, que permite conhecer a relação entre o grande termo e o pequeno termo.

A premissa maior é aquela que possui o grande termo unido ao médio. A premissa menor é a que contém o pequeno termo. A conclusão compõe-se, invariavelmente, do pequeno termo como sujeito e do grande termo como atributo. O termo médio nunca deve figurar nela.

Por exemplo:

                Termo médio   Grande termo

Premissa maior: A perseverança é a mãe do sucesso.

                Pequeno termo   Termo médio

Premissa menor: Ora, a dedicação é perseverança.

                Pequeno termo   Grande termo

Conclusão: Logo, a dedicação é a mãe do sucesso.

Regras das proposições

Conforme visto anteriormente, o silogismo se compõe de duas proposições chamadas premissas, das quais deriva uma terceira. No processo de dedução imediata, é importante ter conhecimento de determinadas regras, cujo objetivo maior é facilitar o raciocínio dedutivo mediato.

- Nenhuma conclusão pode ser derivada de duas premissas negativas.

Por exemplo:

A perseverança não é a mãe do sucesso.

Ora, a dedicação não é perseverança.

A conclusão é indeterminada, pois os termos são desiguais.

- Jamais será obtida uma conclusão negativa derivada de duas premissas afirmativas em função do princípio de que duas ideias que convêm a uma terceira convêm necessariamente entre si.

Por exemplo:

A perseverança é a mãe do sucesso.

Ora, a dedicação é perseverança.

Logo, a dedicação é a mãe do sucesso.

A partir deste exemplo, jamais poderia concluir-se que a dedicação não é a mãe do sucesso, uma vez que duas ideias que convêm a uma terceira, convêm necessariamente entre si.

- Sempre que houver uma premissa negativa, que é considerada mais fraca que a afirmativa, a conclusão será a resultante da mais fraca.

Por exemplo:

A perseverança não é a mãe do sucesso.

Ora, a dedicação é a perseverança.

Logo, a dedicação não é a mãe do sucesso.

Na ocorrência de uma premissa particular, esta será considerada mais fraca do que a geral e dela será derivada a conclusão.

Por exemplo:

A luz é um fenômeno físico.

Todos os fenômenos físicos estão sujeitos à causalidade.

Logo, a luz é um fenômeno físico sujeito à causalidade.

- Dadas duas premissas particulares, nada se conclui.

Por exemplo:

A luz é um fenômeno físico.

A radiação é um fenômeno físico.

Dessas duas premissas, nada se pode concluir.

Resumindo, pode-se afirmar que:

Nenhum termo pode ser mais geral na conclusão do que nas premissas, ou seja, a conclusão não pode ir além daquilo estabelecido nas premissas, e o termo médio deve ser tomado pelo menos uma vez no sentido geral.

Silogismos irregulares

Existem outros silogismos, que não estão sujeitos a regras como as descritas anteriormente, por terem características diferentes.

- O silogismo que traz subentendida uma das premissas – ou, às vezes, até a conclusão – é denominado entimema.

Por exemplo:
A quem serviu o crime é dele culpado. (Ora, ele te serviu, logo, tu és culpado.)

- Quando as premissas do silogismo vêm acompanhadas da prova; a este denomina-se epiquerema.

Por exemplo:
É permitido matar um agressor injusto.
A lei natural, as leis positivas autorizam-no.
Ora, Clódio foi agressor injusto de Milo.
Seus antecedentes, sua escola, suas armas provam-no.
Logo, era permitido a Milo matar o Clódio.

- Quando o raciocínio é composto de vários silogismos, dispostos de forma que a conclusão do primeiro sirva de premissa maior do segundo; e assim por diante.

Por exemplo:
O que é simples não pode ser dissolvido.
Ora, a alma humana é simples.
Logo, a alma humana não se pode dissolver.
Ora, o que não se pode dissolver é incorruptível.
Logo, a alma humana é incorruptível.

- Quando se tem uma cadeia de proposições ligadas entre si, de tal maneira que o atributo da primeira sirva de sujeito para a segunda, o atributo da segunda sirva de sujeito para a terceira e assim por diante, até que se una, na conclusão, o sujeito da primeira com o atributo da última, este silogismo é denominado sorites.

Por exemplo:
Este regato faz ruído; o que faz ruído se mexe; o que se mexe não está gelado; o que não está gelado não me aguenta; logo, este regato não pode aguentar-me.

"O amor é o desejo de alguma coisa, nascido da carência dessa coisa. Como toda carência é um defeito e o defeito, semelhante à doença, o amor é uma doença e, por isso, o amante mais necessita de piedade do que de inveja" (Platão, 1994, p. 26).

- Quando se tem um duplo silogismo com uma única conclusão, denomina-se dilema (que tem duas proposições).[1]

Por exemplo:

Ou estavas no teu posto, ou não estavas, se estavas não cumpriste o teu dever, se não estavas, cometeste um ato vergonhoso; em ambos os casos, mereces a morte.

---

[1] Jaspers (1930, p. 286) diz que Stuart Mill levantou contra o silogismo dupla objeção. Primeiro, considera-o um processo estéril, pura tautologia, e um processo incorreto, um verdadeiro círculo vicioso.

Capítulo 3

Método geral ou lógica aplicada

Sin duda que para la inteligencia de cualquier clase de disciplinas és grande la importancia del talento; tal vez mayor aún de la constancia en el trabajo;
de mucho sierven los buenos professores; grande és la ayuda que prestan los buenos libros; pero el proceder con arte e método en el aprendizaje tiene por si sólo tanta importancia, cuanto todas las cuanto todas las otras ayudas juntas.

Juan Maldonado, S. P., no discurso de abertura da Universidade de Paris, em 1571, falando da importância do método no trabalho.

Do texto anterior, pode-se concluir o quanto é antigo e importante o esforço do ser humano no sentido de buscar os melhores caminhos para atingir determinados objetivos.

Além dos métodos particulares aplicáveis aos campos específicos da ciência, existe um método, o método geral, aplicável a todas as áreas do conhecimento humano. Este é definido como o conjunto dos processos que o espírito humano deve empregar na investigação e demonstração da verdade.

Qualquer trabalho relativo à metodologia científica não pode prescindir das ideias do grande pensador René Descartes no seu trabalho *Discurso sobre o método*, no qual são apresentadas as quatro regras básicas da metodologia.

1) Não aceitar jamais como verdadeira coisa alguma que não se conheça a evidência como tal, ou seja, evitar cuidadosamente a precipitação e a prevenção, incluindo apenas, nos juízos, aquilo que se mostrar de modo tão claro e distinto ao espírito que não subsista dúvida alguma.

A busca da verdade pressupõe a dúvida constante; para tanto, deve-se evitar prejulgamento, não formulando-se juízos a partir de opiniões sem que estas sejam evidentes. A clareza e a distinção são condições necessárias para se aceitar o que está sendo apresentado.

2) Dividir cada dificuldade a ser examinada, em tantas partes quantas possíveis para resolvê-las, permitindo que um problema de grande complexidade seja desdobrado em um problema mais simples e facilitando a sua solução. Todo e qualquer problema deve ser analisado, ou seja, decomposto em tantas partes possíveis e necessárias para a sua solução.

3) Estabelecer ordens nos pensamentos, começando pelos assuntos mais simples e fáceis de serem conhecidos, para atingir paulatina e gradativamente o conhecimento dos mais complexos, e supondo ainda uma ordem entre os que não se precedem normalmente uns aos outros.

Realizada a análise, o desdobramento do problema, conforme a regra anterior, ordenam-se os pensamentos, iniciando pelos problemas mais simples e fáceis de serem solucionados, paulatinamente até os mais complexos, em um processo de síntese.

4) Fazer, para cada caso, enumerações tão exatas e revisões tão gerais para que se tenha certeza de que nada tenha sido esquecido.

Todo o trabalho desenvolvido deve ser rigorosamente revisado da forma mais ampla possível no sentido de que nada seja omitido.

A importância da análise decorre da complexidade dos problemas que se apresentam e da fraqueza da inteligência humana para entendê-los. Não resta qualquer dúvida quanto à facilidade de se solucionarem problemas complexos, a partir de sua divisão em partes simples que constituem a análise, dada a maior facilidade da inteligência de entender as coisas simples.

A análise pode ser experimental por separação quando trabalha sobre fatos ou seres concretos, quer materiais, quer espirituais.

A análise por divisão é aquela que trabalha com os fenômenos suprassensíveis e, por isso, é usada nas ciências psicológicas.

Já a análise experimental trabalha com fatos e seres concretos, a análise racional trabalha no campo das ideias abstratas, daí a sua utilização, sobretudo, nas ciências matemáticas. Nesse processo, busca-se reduzir o problema proposto a um problema mais simples, devidamente resolvido.

O processo que parte da consequência para o princípio denomina-se análise matemática.

É importante frisar que o objetivo da análise é chegar ao elemento mais simples e irredutível.

Na metodologia científica a análise e a síntese caminham passo a passo, pois, enquanto na análise se desdobra o problema complexo em partes mais simples, a síntese caminha no sentido inverso, ou seja, os resultados parciais obtidos nas partes mais simples são somados para se obter a solução do problema complexo.

Nesse sentido, sendo a síntese a reunião das partes separadas pela análise, nem sempre será possível a sua aplicação nas ciências naturais. A análise por separação de um ser vivo não permitirá uma síntese por reunião das partes.

A partir da análise por divisão mental, tem-se a síntese por reconstituição mental ligada aos fenômenos suprassensíveis empregados nas ciências psicológicas.

Assim como na análise racional trabalha-se com ideias abstratas, a síntese racional também o faz, ou seja, trabalha sobre as ideias abstratas, por isso, é utilizada principalmente nas ciências matemáticas.

O processo sintético segue o caminho inverso da análise, ou seja, a partir de um problema conhecido, chega-se por via de dedução ao problema mais complexo, como na demonstração dos teoremas.

Platão, no livro *Fedro ou da beleza* (1994, p. 102), aborda que, para se aprender a falar e a pensar, o melhor processo é reduzir e analisar as ideias, ou seja, deve-se aprender simultaneamente o todo (síntese) e as partes do objeto (análise).

Todo pesquisador deve sempre ter em mente que o conhecimento profundo do assunto a ser desenvolvido vai depender não só do entendimento do geral, mas também das partes.

3.1 Metodologia científica ou lógica aplicada

Enquanto na lógica formal recorre-se à abstração da matéria, procurando-se fazer com que o pensamento concorde consigo mesmo, a lógica aplicada aborda o problema de se pôr o pensamento de acordo com o objeto; para tanto, indica o processo a ser seguido, ou seja, o caminho a ser percorrido, tendo em vista o objetivo a ser atingido, que é a verdade. O método é este conjunto de processos, que etimologicamente tem o significado de caminho para se chegar a um fim.

Conhecimento científico

Como há uma grande diversidade de campos na ciência, haverá também um método específico para cada campo científico.

No seu sentido etimológico, ciência[1] é sinônimo de conhecimento, mas o conhecimento verdadeiro obtido pelas razões ou pelas causas.

Ao contrário do conhecimento vulgar, que se preocupa apenas com o fato e não com as causas, o conhecimento científico procura descobrir, demonstrar as causas ou as razões dos fatos.

Como exemplo, pode ser citado o caso do agricultor que tem o conhecimento, recebido ao longo do tempo pela tradição, quanto à época do plantio, o tipo de cultura, a quantidade de água necessária, a época da colheita, como armazenar o produto, obtendo, assim, bons resultados. Para ele, nunca houve curiosidade de saber o porquê da época do plantio, o porquê da quantidade de água, o porquê da época da colheita, o porquê de determinado modo de armazenamento. O conhecimento científico é aquele que busca respostas para estes porquês. Para tanto, estabelece, previamente, um roteiro, um caminho, ou melhor, um método que proporcione respostas verdadeiras.

Classificação dos vários campos da ciência

Cabe ressaltar que, dada a evolução da ciência, toda e qualquer classificação deve ser tida como provisória. A importância da classificação das ciências é dada pelas

---

[1] Para Jasper, ciência é um sistema de proposições rigorosamente demonstradas, constantes, gerais, ligadas mediante relações de subordinação.

seguintes vantagens: mostra a unidade e, ao mesmo tempo, a variedade do conhecimento humano; assinala o domínio próprio de cada ciência; patenteia as relações lógicas que as unem entre si e revelam a ordem em que as ciências devem ser estudadas.

A classificação apresentada está de acordo com a CDU (Classificação Decimal Universal), utilizada para catalogação das mais variadas publicações acerca dos vários campos do conhecimento. Para mais detalhamentos, consulte o tema em <http://www.udcc.org/udcsummary/php/index.php?lang=pt>.

Filosofia, Psicologia

Metafísica. Problemas fundamentais.
Filosofia do espírito. Metafísica da vida espiritual.
Sistemas filosóficos. Teorias e especulações metafísico-ontológicas.
Psicologia.
Lógica. Teoria do conhecimento. Metodologia.
Ética. Moralidade. Filosofia prática. Sageza.
Estética em geral.
História da Filosofia.

Religião/Teologia

Teologia natural. Teodiceia.
Bíblia.
Teologia dogmática.
Teologia moral. Problemas da moral religiosa.
Teologia pastoral.
Igreja cristã em geral.
História geral da igreja cristã.
Igrejas, seitas, comunidades cristãs.
Religiões não cristãs.

Ciências Sociais

Sociologia. Questões sociais. Sociografia.

Estatística política. Ciência política.

Economia. Economia política.

Direito. Legislação. Jurisprudência.

Administração. Direito administrativo. Ciência militar. Defesa.

Assistência e socorro social. Seguros.

Educação. Pedagogia.

Comércio. Comunicações.

Etnografia. Costumes e tradições. Folclore. Antropologia social ou cultural.

Matemática, ciências naturais

Princípios gerais sobre as ciências puras.

Matemática.

Astronomia. Geodésia.

Física.

Química. Cristalografia. Mineralogia.

Geologia e ciências afins. Meteorologia.

Ciências aplicadas, medicina, tecnologia

Questões gerais sobre as ciências aplicadas.

Medicina.

Engenharia. Tecnologia em geral.

Agricultura. Silvicultura. Zootecnia.

Ciências domésticas. Economia doméstica.

Administração e organização da indústria, comércio e transportes.

Indústrias químicas.

Indústrias e profissões diversas.

Ofícios, artes e indústrias especializadas.

Indústria de construção, materiais, profissões, construções.

Arte, recreação, entretenimento, desportos

Urbanização. Planejamento. Arquitetura paisagística.

Arquitetura.
Escultura e artes afins.
Desenho. Artes menores.
Pintura.
Arte da gravura. Gravuras.
Fotografia e cinematografia.
Música.
Divertimentos. Passatempos. Jogos. Desportos.

Língua, literatura, linguística

Linguística.
Línguas especiais. Troncos linguísticos.
Literatura em geral.
Literatura das diversas línguas, povos, nações etc.

Geografia, biografia, história

Geografia, explorações, viagens.
Biografia.
História.
História em geral. Fontes. História antiga.
História da Europa.
História da Ásia.
História da África.
História da América do Norte.
História da América do Sul.
História da Oceania.

3.2 Método dialético

A dialética é, por definição, a arte de discutir e, segundo a filosofia antiga, a argumentação dialogada.

É evidente que sua simples definição não explica a importância atribuída a ela pelos filósofos nos últimos séculos. Muitas vezes, é confundida com a palavra lógica e, outras vezes, não consta sequer em dicionários (Foulquié, 1974). Daí a necessidade de uma retrospectiva histórica para um efetivo entendimento de sua importância. Zenão, filósofo grego tido como o pai da dialética, formulava seus argumentos procurando demonstrar as contradições daqueles que defendiam teses contrárias.

Defendia a tese da unidade e imobilidade do ser. Os seus argumentos tinham como objetivo mostrar as contradições daqueles que defendiam a pluralidade e a mobilidade do ser, ou seja, Zenão defendia as suas ideias a partir da negação dos argumentos contrários.

É uma dialética negativa no sentido de não construir uma tese, mas sim de destruir a do oponente. Para tanto, parte das premissas admitidas pelos seus adversários, não importando se eram verdadeiras ou falsas.

Na antiguidade

A dialética socrática tinha como objetivo levar o adversário a se contradizer, mediante perguntas. Com isso, conseguia-se levar ao ridículo os sofistas, que se utilizavam da palavra para justificar as mais variadas situações. Com tal comportamento, Sócrates pretendia estabelecer a verdade e, para tanto, exigia a definição das palavras usadas pelos seus adversários, motivo pelo qual se pode denominar este método de dialética positiva.

> Assim é, meu caro Fedro! Todavia, acho muito mais bela a discussão destas coisas quando se semeiam palavras de acordo com a arte dialecta, uma vez encontrada uma alma digna para receber as sementes! Quando se plantam discursos que se tornam autossuficientes e que, em vez de se tornarem estéreis, produzem sementes e fecundam outras almas, perpetuando-se e dando aos que os possuem o mais alto grau de felicidade que um homem pode atingir.

O texto deixa bem clara a ideia de movimento do espírito, uma dinâmica a partir da discussão, ou seja, a utilização da contra-argumentação, da antítese, para se chegar a uma síntese, perpetuando-se a discussão.

Para Aristóteles, a dialética é um método que permite argumentar acerca de qualquer problema proposto, partindo de premissas prováveis, e evitar quando se sustenta um argumento, dizer seja o que for contrário a ele.

Sendo a dialética, neste caso, um método secundário sem valor científico, pois que parte de premissas prováveis para provar a tese, ela nada mais é que um silogismo.

Para Descartes, a dialética é empregada como sinônimo de lógica, em especial de lógica formal. As deduções são feitas mecanicamente, pois partem de preposições dadas e chegam a outras proposições que delas derivam necessariamente.

Dialética hegeliana

Para Hegel, a dialética é a conciliação dos contrários nas coisas e no espírito.

Na dialética hegeliana, encontram-se a afirmação ou tese, a negação ou antítese e a negação da negação, a síntese.

Como exemplo, a tese que se constituiu na afirmação "o ser é", mas ser totalmente indeterminado, de tal forma que a afirmação já implica na sua negação ou antítese: "o ser não é". Esta negação será negada e daí a síntese na proposição, "o ser é devir".

Esta síntese não é definitiva, pois traz dentro de si a sua negação, que levará a uma nova síntese e assim indefinidamente.

Essa dúvida com relação à síntese, que impulsiona o pensamento para novas sínteses, não é a dúvida sistemática do ceticismo, que isola o momento da negatividade e a esvazia de qualquer conteúdo. Não é a dúvida metódica de Descartes, mas uma dúvida que é a negação de um conteúdo determinado e, dessa forma, a consciência progride de conteúdo em conteúdo.

O idealismo em Hegel fica bem caracterizado quando afirma que a contradição está nas próprias coisas, que, depois de terem lutado, chegam a um acordo; a dialética do pensamento é apenas um reflexo da dialética das coisas.

Dialética marxista

O materialismo de Karl Marx nada mais é do que uma oposição ao idealismo e nada tem a ver com a oposição ao espiritualismo.

Para Hegel, idealista, a ideia comanda todo o processo de desenvolvimento, ou seja, são as ideias que governam o mundo. Para Marx, ao contrário de Hegel, o mundo das ideias é apenas o mundo material transposto e traduzido no espírito humano.

Marx vai acentuar a importância das condições econômicas na formação e evolução das ideias filosóficas, morais e religiosas. É o materialismo histórico, que procura explicar a história a partir da luta de classes.

Como os motivos econômicos explicam o avanço das ideias, a existência da contradição na sociedade, da burguesia de um lado e o proletariado de outro, deve ser superada, mediante a luta de classes.

Para Foulquié (1974, p. 62):

> Contrariamente à metafísica, a dialética parte do ponto de vista de que os objetos e os fenômenos da natureza implicam contradições internas, pois todos apresentam um lado negativo e um lado positivo, um passado e um futuro, todos têm elementos que desaparecem ou que se desenvolvem; a luta destes contrários, a luta entre o antigo e o moderno, entre o que morre e o que nasce, entre o que se corrompe e o que se desenvolve, é o conteúdo interno do processo de desenvolvimento, da conversão das variações quantitativas das variações qualitativas.
>
> É por isso que o método dialético considera que o processo de desenvolvimento do inferior ao superior não se efetua no plano de uma evolução harmônica dos fenômenos, mas no da atualização das contradições inerentes aos objetos, aos fenômenos, no plano de uma "luta" das tendências contrárias que agem na base destas contradições.

Para Lênin, a dialética é o estudo das contradições na própria essência das coisas.

Considerando que toda verdade é provisória e reformável, é importante que o cientista ou pesquisador tenha sempre um pensamento dialético, pois o homem avança quando se esforça para superar-se a si próprio.

3.3 Métodos particulares ou específicos

Enquanto o método geral é aplicado a todo e qualquer trabalho científico, o método particular nada mais é do que uma adequação desse método, tendo-se em vista os vários campos do conhecimento humano (ciência).

Cada ciência, com suas peculiaridades, exigirá caminhos específicos a serem seguidos, assim nas ciências abstratas, que estudam noções ideais, exprimindo relações simplesmente possíveis, o método a ser utilizado é dedutivo.

Nas ciências denominadas concretas, que estudam os seres e fatos reais, espirituais ou materiais, o método será indutivo.

O método das ciências matemáticas

A Matemática é definida como a ciência da medida das grandezas, fazendo abstração da natureza desses corpos; daí a sua denominação como uma ciência abstrata. Parte de princípios ideais e necessários e limita-se a noções simples e precisas para chegar a conclusões rigorosas por meio do processo dedutivo, daí a sua denominação como ciência exata.

A Matemática pode ser dividida em pura, quando estuda as quantidades sem nenhuma preocupação quanto a sua utilidade, e aplicada, quando estuda as quantidades no desenvolvimento de outras ciências.

Com relação à Matemática pura, tem-se a seguinte classificação:

- Quantidade descontínua: entende-se por quantidade descontínua quando esta cresce ou decresce, por graus determinados. Passa-se de uma quantidade a outra mediante saltos.

Por exemplo: números inteiros.

Neste grupo, considera-se a aritmética, que estuda os números sob sua forma mais determinada, a álgebra, que substitui os números determinados por símbolos mais gerais, que significam as relações dos números, qualquer que seja seu valor numérico.

- Quantidade contínua: é aquela quantidade que pode passar por todos os valores intermediários entre dois valores quaisquer.

A Geometria, que estuda as figuras traçadas no espaço, trabalha com quantidade contínua.

Por exemplo:
e) Conjunto dos números reais.
f) A variável h, altura de um indivíduo, pode assumir quaisquer valores, como 1,82; 1,73;...

O desenvolvimento do método matemático

Tendo a Matemática como objeto o estudo das noções ideais, ou seja, as noções que não têm existência real, a razão deverá criá-las para si mesma, definindo-as. Como o matemático não trabalha com elementos concretos, mas sim com abstratos, ele terá de criar noções ideais mediante definições que serão utilizadas.

Ao contrário da definição de um objeto real, segundo a qual esta é uma cópia que deve estar de acordo com o objeto, a definição na matemática vai definir um objeto simplesmente possível para lhe dar uma existência ideal. O objeto ideal existe simplesmente na mente das pessoas.

A lógica formal é o acordo do pensamento consigo mesmo que faz a abstração da matéria, ou seja, trabalha com objetos ideais, não admitindo nenhuma contradição que a torne inconcebível. Neste sentido, a definição matemática é em si indiscutível.

A partir do objeto definido, mediante o processo dedutivo, obtém-se racionalmente as propriedades, as leis e as consequências particulares que esta definição encerra ou supõe.

Esse processo dedutivo só pode ser feito a partir de certos princípios absolutamente evidentes, denominados axiomas.

Axioma

O axioma é um princípio necessário, evidente por si e indemonstrável; é utilizado para demonstrar outras verdades. Dessa forma, é ordinariamente subentendido no raciocínio.

De uma verdade geral, podem-se deduzir verdades particulares.

Exemplo A: Um todo **x** composto de **a + b** em virtude do axioma: O todo é igual à soma das partes, pode-se deduzir:

x > a; x > b; b = x − a; a = x − b.

Exemplo B: Duas quantidades iguais a uma terceira são iguais entre si.

Se a = b e b = c, então, a = c.

Exemplo C: As somas das quantidades iguais são iguais.

A soma de a + b é igual à soma de b + a.

Por estas proposições, pode-se notar que o axioma serve de instrumento para deduzir verdades particulares a partir de uma verdade geral. A admissão dessas consequências a partir de um princípio dado é a descoberta da relação de identidade total ou parcial entre a verdade geral e as verdades particulares. Nesse sentido, em aritmética, todas as operações e todas as provas se resumem em adições.

Por definição, álgebra é a parte da Matemática que estuda as leis e os processos formais de operação com entidades abstratas, isto é, a partir do estabelecimento de uma equação, ou seja, uma identidade entre um termo completamente desconhecido **x** e outro termo possível de ser esclarecido; em seguida, parte-se desta identidade em direção a outra mais explícita, até que se chegue a uma terceira, na qual o segundo termo, perfeitamente conhecido, dará por isso mesmo a conhecer o valor de **x**.

Por exemplo: Valor desconhecido: **x**; termo possível de ser esclarecido = **q**.

Seja a equação: q = ax + b; em que o valor desconhecido é **x** e o termo possível de ser conhecido é **q**, pois:

1ª proposição: **q = ax + b**
2ª proposição: **q - b = ax**
3ª proposição: $\dfrac{q - b}{a} = x$

Como se conclui, o valor de **x** está perfeitamente determinado.

Por definição, Geometria é a ciência que investiga as formas e as dimensões dos seres matemáticos. Por exemplo, em um triângulo, pode-se afirmar que um lado qualquer é menor que a soma dos outros dois. Para prová-lo, basta estabelecer a identidade entre a proposição e o axioma que diz que a linha reta é a distância mais curta entre dois pontos.

Na utilização de axiomas é importante observar as três regras de Pascal:

1) Muito cuidado com certos provérbios ou ditos populares, pois só devem ser tomadas por axiomas verdades perfeitamente evidentes por si próprias.
2) Jamais tente demonstrar os axiomas; por definição, eles são indemonstráveis.
3) Não multiplique os axiomas.

Postulados

É uma proposição que, sem ser absolutamente evidente e demonstrável, é necessária à demonstração de toda uma série de proposições subsequentes.

Enquanto o axioma é essencialmente apriorístico e analítico, impõe-se logicamente ao espírito, que nem pode negá-lo sem contradição. O postulado tem o caráter sintético, mais ou menos a posteori, porque o atributo junta ao sujeito a ideia de alguma propriedade especial, o que supõe certo concurso da experiência; por isso, pode ser negado sem contradição.

No processo dedutivo, o postulado é a premissa sobre a qual o matemático formulará ou aplicará suas definições.

Demonstração

A demonstração é um processo dedutivo pelo qual, a partir de uma definição ou verdade geral, mediante um axioma, chega-se a alguma consequência necessária.

No raciocínio dedutivo, tiram-se simplesmente consequências particulares de uma verdade geral. Já o processo dedutivo, na Matemática, vai permitir a evidência de uma proposição por intermédio de outra preposição evidente por si própria ou já demonstrada.

Quando se pretende provar uma verdade, a Matemática a enuncia sob a forma de um teorema. A demonstração de um teorema tem como objetivo tornar a verdade evidente.

A demonstração de uma verdade jamais deve ser confundida com a descoberta de uma verdade, pois esta procura determinar uma incógnita formulada pelo problema. Esta incógnita é a verdade a ser descoberta.

É analítica a demonstração quando, a partir do próprio teorema, chega-se ao princípio, ou seja, partindo-se de uma proposição complexa a demonstrar, chega-se a uma proposição mais simples já demonstrada.

A demonstração analítica é positiva quando supõe verdadeiro o teorema e caso a demonstração seja direta. A análise é negativa quando supõe verdadeira a proposição contraditória àquela que se quer demonstrar. Nesse processo, a proposição contraditória supõe um resultado absurdo.

A partir do princípio que de duas proposições contraditórias, quando uma é falsa e a outra é necessariamente verdadeira, então, sendo a proposição contraditória (hipótese) falsa, o teorema será verdadeiro. Essa demonstração é denominada indireta e também a redução ao absurdo.

Esse método só é aconselhável quando a demonstração direta não for possível; isto porque a demonstração indireta prova, unicamente, que a proposição verdadeira só não é falsa.

A demonstração por via da síntese ocorre quando se parte do princípio e se vai descendo gradativamente até o teorema que se trata de demonstrar.

Método das ciências físico-químicas

As ciências físico-químicas são aquelas que estudam os fenômenos dos corpos brutos ou inorgânicos. A Física é a ciência que estuda os fenômenos que não alteram a constituição da matéria, as causas que os produzem e as leis que os regem.

Por exemplo:

Um veículo em movimento é um fenômeno físico, cabendo à Física estudar a sua velocidade e a sua aceleração.

A Química é a ciência que estuda os fenômenos que alteram a constituição da matéria, as causas que os produzem e as leis que os regem.

Por exemplo:

A fotossíntese é um fenômeno químico, uma vez que a planta absorve o gás carbônico e libera o oxigênio.

Entende-se como causa qualquer fenômeno necessário e suficiente para determinar o surgimento de outro fenômeno. A lei é a relação constante que liga a causa ao efeito, o que determina que, estabelecida a primeira, segue-se a segunda.

Enquanto as ciências matemáticas se preocupam com ideias e verdades abstratas exprimindo relações simplesmente possíveis pelo método dedutivo, as ciências físico-químicas estudam fatos concretos e contingentes. Como não há ciência do particular, que são os fatos concretos e contingentes, o objeto será as causas e as leis permanentes que os regem. É a partir do estudo do fato (empirismo) que se chega ao conhecimento da causa e da lei.

Para a Física, toda lei ou princípio obtém-se pela observação da natureza e sua verificação acontece por suas consequências, que devem estar de acordo com a experiência. Veja os exemplos a seguir.

O princípio da inércia ou Primeira Lei de Newton

Essa lei ou princípio, catalogada como a Primeira Lei de Newton, é devida, originalmente, a Galileu.

Galileu lançava uma bola sucessivamente em uma rampa ascendente e em outra descendente, bem polidas e lubrificadas, de modo a eliminar quase por completo o atrito.

Na primeira, observava que a bola movimentava-se mais lentamente. Isso evidenciava a mudança de sua velocidade, ou seja, diminuição de velocidade. Já na segunda, observou o contrário, a bola corria mais, mostrando a mudança de velocidade, ou seja, aumento de velocidade. Então, a partir dessas observações, Galileu concluiu que, se a bola fosse lançada de uma rampa horizontal sem atrito, sua velocidade deveria permanecer constante, ou seja, não aumentaria nem diminuiria.

Esse princípio é mais claro quando se considera o movimento de uma nave espacial transitando pelo espaço livre de ações gravitacionais e que, portanto, permanece em velocidade constante em função do movimento inicial proporcionado pelos seus motores.

Lei de Lavoisier ou lei da conservação da matéria

Essa lei afirma que, em uma reação química, a massa total dos reagentes é igual à massa total dos produtos dessa reação. A comprovação dessa lei realiza-se mediante a seguinte experimentação:

- Unem-se duas ampolas de vidro por meio de um tubo também de vidro. Colocam-se separadamente em cada ampola as soluções de dois reagentes A e B. Em seguida, fecha-se hermeticamente o sistema a fogo, pesando-se o conjunto.
- Vira-se o conjunto de cabeça para baixo até as duas soluções se misturarem e completar a reação.
- Verifica-se, então, o peso do conjunto.
- Verifica-se que a massa final é igual à massa inicial do conjunto.
- Antes do estabelecimento dessa lei, Lavoisier, em uma famosa nota de 1772, escreveu o seguinte:

Há uns oito dias descobri que o enxofre, ao arder, em vez de perder, ganha peso; (...) é o mesmo com o fósforo; esse aumento de peso provém de prodigiosa quantidade de ar fixado durante a combustão e combinado com os vapores.

O descobrimento, que estabeleci por experiências que considero decisivas, fez-me crer que o que se observa na combustão do enxofre e do fósforo bem pode verificar-se no caso de todas as substâncias que adquirem peso por combustão e calcinação. E estou persuadido de que o aumento de peso de cales metálicos se deve à mesma causa. (Conant, 1947, p. 117).

Albert Einstein

Ao criar a sua Teoria da Relatividade, Einstein previu a possibilidade de se transformar matéria em energia e vice-versa.

Observou que em uma reação que liberta, por exemplo, calor, o aparecimento dessa energia deve estar correspondendo ao desaparecimento de certa quantidade de matéria e vice-versa: quando uma reação absorve energia, a massa total do sistema deve aumentar.

Isso caracteriza um grande processo de evolução científica, ou seja, novos resultados de pesquisas acrescentando mais saber àquilo que já se conhecia.

Fases da pesquisa

O método utilizado por estas ciências é essencialmente o método indutivo, pois parte do particular à lei geral. Para tanto, o pesquisador (cientista) deverá metodologicamente seguir os seguintes passos: observação, hipótese, experimentação e indução.

Observação

Como as ciências físico-químicas estudam os fatos concretos e contingentes, então, o ponto de partida será a observação, porque é a única maneira de conhecê-los.

É importante distinguir dois tipos de observação: a externa, quando por meio dos sentidos são captados os acontecimentos do mundo exterior, e a observação interna ou psicológica, que se faz pela consciência e chama-se, propriamente, reflexão.

Condições pessoais do pesquisador

É importante frisar que, sendo a observação o ponto de partida de todo trabalho que vai permitir a conclusão final (relação causa-efeito), é importante que haja determinadas condições necessárias para uma boa observação. O sucesso da pesquisa vai depender de determinadas qualidades que permitam captar o objeto na sua totalidade.

A sensibilidade, ou seja, a presteza dos órgãos dos sentidos será importante no sentido de que sejam transmitidas para a inteligência as características do objeto, verificadas em sua totalidade.

O pesquisador deve estar atento a todos os detalhes que ao indivíduo comum normalmente passam despercebidos; a curiosidade deve ser uma qualidade inata, pois só assim será possível a captação efetiva da realidade.

É importante que o pesquisador seja sagaz, ou seja, tenha capacidade de captar os fatos significativos que, para outros, não teriam qualquer importância.[2]

---

[2] O balançar de um lustre, que para o indivíduo comum é algo sem qualquer importância, para Galileu foi o princípio do pêndulo. Da mesma forma que uma fruta caindo de uma árvore, ao comum, não desperta qualquer curiosidade, para Newton foi o ponto de partida para um trabalho científico, a Lei da Gravidade.

Sendo a pressa inimiga da perfeição, a paciência deve ser uma qualidade, no sentido de se evitarem conclusões inadequadas em função de observações incompletas.

A visão de cientistas durante décadas fechados em seu ambiente de trabalho é um exemplo de paciência e de perseverança na busca de seus objetivos.

Não é raro o cientista tornar-se cobaia de seu próprio experimento, daí a necessidade de que tenha uma coragem própria de grandes homens. Coragem também para enfrentar situações definidas como verdadeiras, mas que carecem de verificação e confirmação, uma vez que, ao longo do tempo, as mudanças são inevitáveis.

A busca da verdade deve ser uma constante na vida do pesquisador: não se deixar influenciar por interesses quaisquer que sejam, mas adotar a imparcialidade como bandeira. Afinal, há injunções de toda espécie, política, científica, sociais entre outras.

O avanço tecnológico e sua importância na pesquisa

À medida que o conhecimento materializa-se na forma de instrumentos, o homem tem a sua capacidade sensitiva aumentada substancialmente.

O telescópio, assim como satélites enviados ao espaço, capazes de enviar imagens, tem permitido ao homem enxergar distâncias longínquas, propiciando a elaboração de um novo mapa do cosmos. O que, até há bem pouco tempo, era inconcebível.

As viagens espaciais, com tripulantes ou não, têm permitido a vivência no espaço, colocando o ser humano em uma nova dimensão.

O avanço das comunicações tem permitido a universalização das informações, possibilitando a propagação do conhecimento de forma mais rápida.

Se uma imagem vale por mil palavras, então, o avanço da televisão e das imagens computadorizadas tem acelerado acentuadamente o aumento do acervo científico. Como exemplo, o diagnóstico médico computadorizado permite grande avanço da ciência médica.

A existência de microscópios eletrônicos, que permitem o estudo de seres infinitamente pequenos, tem possibilitado o conhecimento e o estudo destes, com grandes reflexos na prevenção e na cura de doenças.

O aumento da precisão que se tem hoje, por meio de instrumentos digitais e computadorizados, como termômetros, balanças, cronômetros, tem permitido ao cientista condições cada vez mais adequadas para o estudo dos vários fenômenos, com maior segurança.

No que diz respeito aos cálculos, a precisão e a velocidade atingiram o seu ponto alto com o avanço dos computadores. Cálculos, impossíveis anteriormente, são feitos em poucos segundos, possibilitando simular situações com infinitas variáveis e maior segurança com relação aos resultados a serem obtidos na prática.

Regras da observação

Em se tratando de um trabalho científico, tudo deve ser elaborado da forma mais racional possível; por essa razão, há a necessidade de se encaminhar metodicamente toda observação.

O pesquisador deve utilizar, da forma mais intensa possível, os seus órgãos dos sentidos, ou seja, ver, apalpar, cheirar, escutar, provar, para que nada passe despercebido e a observação tenha valor científico.

A omissão, assim como a interpretação subjetiva dos fatos, pode invalidar o resultado final da pesquisa. O observador deve ater-se, exclusivamente, ao fato. É muito comum o pesquisador sofrer as influências do contexto onde vive, seja o social, o político, o econômico ou o científico, e não assimilar a realidade dos fatos.

O observador deve buscar precisão mediante a quantificação, sempre que possível, dos fenômenos, uma vez que a precisão dos dados quantitativos garante uma maior segurança na conclusão.

Dada a complexidade dos fatos, a observação deve ser feita seguindo-se as diversas fases, partindo-se das mais importantes às acessórias. O pesquisador terá de encontrar o ponto central do fato e, a partir daí, fazer observações sucessivas e metódicas.

Hipótese

Feita a observação, que é o primeiro passo para se estudar os fatos concretos e contingentes das ciências físico-químicas, torna-se necessária, na sequência, a busca pelas causas. Esta busca tem como ponto de partida uma suposição, ou seja, uma razão provisória, que se denomina hipótese.

A hipótese pode, então, ser definida como a explicação provisória das causas de um fenômeno. A hipótese tem como função orientar o pesquisador na direção da causa possível, sugerindo-se experiências próprias para a comprovação ou não do fato.[3]

Tipos de hipótese

As hipóteses podem ser:

- A priori: quando obtidas a partir da dedução de uma lei já conhecida.
- Quando sugeridas a partir da experiência são indutivas e denominadas a posteri.
- Quando existem semelhanças entre um fenômeno a ser explicado e outro já explicado, pode determinar-se uma hipótese por analogia. Newton, pela analogia, a partir das leis da queda dos corpos na superfície da Terra, formulada por Galileu, e da lei da revolução dos planetas de Kepler, estabeleceu a relação entre a queda de uma maçã e a queda da Lua sobre a Terra. Uma hipótese é considerada verdadeiramente científica quando satisfaz a determinadas condições:
  » É importante que o fato a explicar seja real e que não exista nenhuma lei que o explique, ou seja, o que já foi provado não pode ser admitido como hipótese.
  » A hipótese não pode contradizer nenhum fato e nenhuma lei já demonstrada; deve, portanto, ser passível de realização.
  » Nenhuma hipótese deve ir além do fato a ser explicado.
  » É importante que a hipótese seja passível de verificação a qualquer momento.
  » Na formulação da hipótese, é importante que se usem simplicidade e objetividade no sentido de evitar esforço desnecessário na execução do trabalho.

---

[3] Para Jasper, a hipótese é a suposição de uma causa ou de uma lei destinada a explicar temporariamente um fenômeno até que os fatos a contradigam ou a confirmem.

Experimentação

A partir da observação, o pesquisador estabelece uma solução provisória para o fenômeno denominado hipótese, que será ou não confirmada mediante uma experimentação.

A experimentação é o estudo de um fenômeno provocado artificialmente no sentido de se verificar uma hipótese.

Ao contrário do observador, que não deve ter ideias preconcebidas do fato observado, pois tem um papel passivo no processo, o experimentador será acima de tudo o elemento ativo, agindo e reagindo perante os fenômenos a serem verificados, conforme a hipótese. Em algumas áreas do conhecimento, a experimentação nem sempre é possível, como na Astronomia e na Meteorologia. Sob o ponto de vista legal e ético, também existem limitações à experimentação em determinadas áreas, cujo objeto é o ser humano.

Regras da experimentação

A experimentação, assim como a observação, está sujeita às mesmas regras da atenção, do método, da paciência e da imparcialidade. É importante assinalar que o experimentador deve ter tanto cuidado quanto o observador no estudo dos fenômenos.

Na experimentação, a contribuição de Bacon deve ser ressaltada, conforme as seguintes regras:

- Estender a experiência é aumentar paulatinamente e, tanto quanto possível, a intensidade da causa suposta, para verificar se a intensidade do fenômeno cresce de maneira proporcional; pode acontecer que o efeito não cresça proporcionalmente e, às vezes, pode até mudar bruscamente de natureza. Em determinados casos, a quantidade é um elemento essencial da causa.
- Variar a experiência, aplicando a mesma causa a diferentes variantes.
- Inverter a experiência, aplicando a causa contrária à causa suposta, a fim de verificar se se produz o efeito contrário, é a contraprova experimental, na qual a experiência positiva faz seguir a experiência negativa; pode-se ter, como contraprova da análise, a síntese.

- Recorrer aos acasos da experiência. Na impossibilidade de formular-se uma hipótese precisa, deve-se recorrer aos acasos da experiência.

Métodos das coincidências constantes

Nas ciências físicas, denomina-se causa de um fenômeno todo aquele a partir do qual surge outro fenômeno, de modo que, na ausência do primeiro, tal fenômeno não ocorre. É importante haver uma constância nesta relação, para eliminar os fenômenos que, acidentalmente, causam outros.

Para avaliar metodicamente a relação de causa e efeito, Bacon sugere a utilização de três tabelas (Tábua de Bacon):

Tabela de presença: registram-se todas as circunstâncias que acompanham a ocorrência do fenômeno cuja causa se procura.
Tabela de graus: onde se anotam os casos em que o fenômeno variou de intensidade e todos os antecedentes que com ele variaram.
Tabela de ausências: onde se anotam os casos em que o fenômeno não ocorre; são anotados os antecedentes presentes e ausentes.

Para que haja maior rigor científico, é importante ressaltar que nem sempre uma sucessão constante e invariável de causa e efeito prova, necessariamente, que há uma lei. O fato de toda causa ser um antecedente constante não quer dizer que todo antecedente constante seja causa. Como exemplo, a noite sucede invariavelmente ao dia: é um puro fato de sucessão, a condição do dia é a rotação terrestre, sua causa é a luz solar porque a rotação não explica a alternância dos dias e das noites, senão pela hipótese de que há no centro de nosso sistema planetário um foco de luz.

A partir deste exemplo, verifica-se que a noite sucede ao dia, em uma sucessão invariável e constante, e isso ocorre em função da rotação (condição), mas não quer dizer que seja a causa, pois esta é, na verdade, a luz solar.

A comprovação científica da experiência, dada a limitação apresentada no exemplo, pode ser obtida pela separação de um fenômeno de todos os seus antecedentes, com exceção de quando houver a relação entre ambos de causa e efeito; haverá, então, uma condição necessária e suficiente, ou seja, o antecedente é a sua causa.

Indução

A indução é um processo que consiste na generalização de uma relação de causalidade entre dois fenômenos, ainda que se tenha verificado apenas um número de vezes relativamente restrito, e em concluir, da relação causal, a lei.

A grande discussão com relação à legitimidade ou não do processo indutivo é, principalmente, filosófica.

No estudo relativo à origem do conhecimento, cabe ressaltar as ideias relativas à importância da experiência, que tem como representante Bacon, para o qual nada existe na mente que não tenha passado pelo sensível, ou seja, a mente é uma página em branco a ser escrita pela experiência.

Em oposição a esta linha filosófica, existe o racionalismo, para o qual a origem do conhecimento está nas ideias inatas. A grande discussão está em estabelecer leis, tirar conclusões válidas para todos os tempos e lugares a partir de alguns fatos verificados, podendo-se afirmar que esta generalização nada mais é que uma probabilidade, ou seja, parte-se da premissa de que o futuro será uma reprodução do passado.

É indiscutível que grandes descobertas científicas são aceitas universalmente após um número restrito de experiências, apesar de alguns preconceitos.

É importante não confundir generalizações sem nenhuma base científica com o processo indutivo, pois nesse caso estaríamos diante de um sofisma.

Regras da Indução

- É importante observar que, ao tratar-se da generalização de fatos, a relação deve ser causal.
- Por exemplo: O corpo se dilata com o calor.
- Quando tratar-se de duas formas ou seres, é preciso que haja uma relação de coexistência necessária.
- É importante que o fenômeno utilizado na relação seja idêntico ao observado e que a causa seja tomada no seu sentido total e completo.
- A quantificação pode tornar-se essencial à lei, porque podem ocorrer generalizações inexatas. Como exemplo, pode-se dizer que o gás carbônico mata, mas a verdade é que apenas certa quantidade deste gás mata.

Relação entre método dedutivo e indutivo

O método indutivo, utilizando-se da experimentação, estabelece a ideia diretriz que fornece o termo médio (o sujeito da premissa maior) do argumento experimental que não é fruto da dedução.

O processo dedutivo vai mostrar se essa ideia diretriz obtida pela indução é verdadeira, ou seja, o processo dedutivo vai provar a sua veracidade.

Enquanto o método indutivo possibilita a extensão do conhecimento, o método dedutivo, por um processo regressivo, vai provar a sua certeza.

Restrições ao método indutivo

Sendo o maior objetivo deste livro colocar o pesquisador, o estudioso de metodologia, em contato com as várias linhas de pensamento, não se poderia deixar sem citação as ideias de Karl R. Popper, que, em suas obras *Conhecimento objetivo* e *A lógica da pesquisa científica*, faz sérias restrições ao processo indutivo na formulação de leis ou teorias.

De acordo com este autor:

> É comum dizer-se "indutiva" uma inferência, caso ela conduza de enunciados singulares (pois, por vezes denominadas também como enunciados "particulares"), tais como descrições dos resultados de observações ou experimentos, para enunciados universais, tais como hipóteses ou teorias (Popper, 1959, p. 27).
> O problema da indução também pode ser apresentado como a indagação acerca da validade ou verdade de enunciados universais que encontrem base na experiência, tais como as hipóteses e os sistemas teóricos das ciências empíricas. Muitas pessoas acreditam, com efeito, que a verdade desses enunciados universais é "conhecida pela experiência"; contudo, está claro que a descrição de uma experiência – de uma observação ou do resultado de um experimento – só pode ser enunciado singular e não um enunciado universal. Nesses termos, as pessoas que dizem que é com base na experiência que conhecemos a verdade de um enunciado universal querem normalmente dizer que a verdade desse enunciado universal pode, de uma

forma ou de outra, reduzir-se à verdade de enunciados singulares e que, por experiência, sabe-se serem estes verdadeiros. Equivale isso a dizer que o enunciado universal baseia-se em interferência indutiva. Assim, indagar se há leis naturais sabidamente verdadeiras é apenas outra forma de indagar se as inferências indutivas se justificam logicamente (p. 28).

Alguns dos que acreditam na Lógica Indutiva apressam-se a assinalar, acompanhando Reichenbach, que "o princípio de indução é aceito sem reservas pela totalidade da Ciência e homem algum pode colocar seriamente em dúvida a aplicação desse princípio também na vida cotidiana". Contudo, ainda admitindo que assim fosse – pois, afinal, "a totalidade da Ciência" poderia estar errada –, eu continuaria a sustentar que um princípio de indução é supérfluo e deve conduzir a incoerências lógicas.

Que incoerências podem surgir facilmente, com respeito ao princípio da indução, é algo que a obra de Hume deveria ter deixado claro. E, também, que as incoerências só serão evitadas, se puderem sê-lo, com dificuldade. Pois, o princípio da indução tem de ser, por sua vez, um enunciado universal. Assim, se tentarmos considerar sua verdade como decorrente da experiência, surgirão de novo os mesmos problemas que levaram à sua formulação. Para justificá-lo, teremos de recorrer a inferências indutivas e, para justificar estas, teremos de admitir um princípio indutivo de ordem mais elevada, e assim por diante. Dessa forma, a tentativa de alicerçar o princípio de indução na experiência malogra, pois conduz a uma regressão infinita (p. 29).

Os autores, seguindo uma filosofia dialética, a partir da aceitação de que toda verdade é reformável e provisória, veem na experimentação o grande instrumento para o avanço das várias ciências. Os exemplos a seguir servem para reforçar essas ideias.

A Primeira Lei de Newton, o princípio da inércia, estabelecida a partir da experimentação, conforme demonstrado no capítulo, é um bom exemplo da importância da indução.

Método das ciências econômicas

Pode-se afirmar que o economista tem como função a administração da escassez, porque a economia tem na escassez a sua razão de ser, pois, se bens e serviços existissem em quantidades ilimitadas, capazes de atender a todas as necessidades, só existiriam bens livres, e não bens econômicos.

Cabe ao economista, em função dessa escassez de recursos, definir o quê, como e para quem produzir.

O que produzir? Em uma economia de mercado, cabe ao consumidor decidir quais produtos devem ser produzidos, em que quantidades e a que preço. Já em uma economia de planejamento centralizado, esta decisão caberá aos burocratas.

Como produzir? Neste caso, trata-se da opção tecnológica a ser adotada, principalmente no que diz respeito à maior ou menor utilização de capital ou maior ou menor utilização de mão de obra.

Para quem produzir? O destino da produção vai depender das políticas adotadas, destinadas ou não a fomentar o consumo.

Como em qualquer ciência, na economia, o método também é fundamental para o desenvolvimento de qualquer pesquisa. O método a ser utilizado dependerá da proposta de trabalho.

Assim, quando se pretende conhecer o geral, ou seja, um determinado mercado como um todo, a partir de um número restrito de observações, o método adotado é o indutivo.

Quando, ao contrário do conhecimento do geral, pretende-se chegar ao particular, o método utilizado é o dedutivo.

Método histórico

Os problemas econômicos contemporâneos podem ser analisados e entendidos a partir de uma perspectiva histórica. É a partir da análise, evolução e comparação histórica das atividades e instituições econômicas que se pode traçar uma perspectiva, principalmente no que diz respeito ao comportamento dos agentes econômicos e suas várias inter-relações.

O resultado de muitas diretrizes econômicas voltadas para áreas específicas, como investimentos em educação, só pode ter a sua avaliação em um prazo mais longo. Por meio desta análise e de comparações ao longo do tempo, próprias do método histórico, pode-se concluir qual é a importância desta diretriz e, em função disso, se estabelecerem novas políticas econômicas a serem adotadas.

Método comparativo

A comparação, considerando medidas adotadas e resultados obtidos, pode permitir ao economista concluir quanto a sua eficácia. Assim, se em uma determinada região ou país determinadas medidas apresentaram soluções que se pretendem obter, então, mediante comparações de variáveis sociais, econômicas e políticas, pode-se prever a provável eficácia dessas medidas, se adotadas em outras regiões ou países.

Dessa forma, a partir da análise e comparação das variáveis das mais diversas regiões, podem-se adotar diretrizes bem-sucedidas em determinadas regiões, cujas variáveis sejam próximas daquelas onde se pretende aplicar.

Método dedutivo

Os clássicos, raciocinando a partir da existência do chamado *homo economicus*, o homem econômico, ou seja, aquele que, agindo racionalmente, procura maximizar a sua satisfação a partir da melhor alocação possível dos recursos disponíveis, estabelece leis e princípios gerais e, por intermédio deles, tira conclusões pelo raciocínio dedutivo.

Dada a complexidade dos fatos econômicos, o seu perfeito conhecimento nunca será satisfatório com a utilização exclusiva do método dedutivo, pois sabe-se que o bom resultado de uma pesquisa depende do conhecimento obtido de outras ciências, que podem trabalhar com métodos diferentes.

Por exemplo: Princípios e leis gerais.

1) A Lei dos Rendimentos Decrescentes.
2) A Lei da Oferta e da Procura e, consequentemente, a determinação do preço de mercado.

Método indutivo

A partir da utilização do sensível, ou seja, da observação podem-se estabelecer leis e princípios e suas relações mediante o raciocínio indutivo.

Enquanto no método dedutivo trabalha-se com o homem ideal, na indução trabalha-se com o homem real. Em economia, é importante que se tenha conhecimento do ideal (como deve ser), mas não se pode prescindir do conhecimento da realidade para que seja possível fazer projeções e traçar perspectivas, pois, tão importante como ter o ideal a ser atingido é ter consciência do possível a ser atingido.

O método indutivo vai permitir, a partir de observações, levantamentos de determinados fatos, determinadas situações, inferir condições e situações gerais e esperadas.

Na verdade, a indução dá a probabilidade e não a certeza do esperado.

Como exemplo, pode-se inferir que, em função de um aumento na compra de máquinas agrícolas, fertilizantes e sementes, ocorra um aumento da produção agrícola, mas não se pode ter certeza disso.

A ciência econômica, assim como as demais, tem uma dinâmica que exigirá uma adequação de leis e princípios às novas realidades que surgirão, motivo pelo qual, em oposição à economia pura e estática, que utiliza o método dedutivo, a economia aplicada trabalha essencialmente com o método indutivo.

Método estatístico

Dadas a variedade e a complexidade dos fenômenos econômicos, seria impossível um conhecimento mais profundo desses fenômenos e de suas relações sem que se lançasse mão da quantificação.

Em economia não se entende a estatística como uma simples coleção de dados; por exemplo: a estatística da produção de veículos no Brasil. Mas sim, como define Fisher, a estatística é a Matemática aplicada à análise dos dados numéricos de observação, pois tão importante quanto o aspecto qualitativo do fenômeno econômico é o seu aspecto quantitativo, com as suas possíveis utilizações; daí ser um dos mais importantes instrumentos utilizados pela ciência econômica.

Quando, a partir de uma amostragem ou de um caso particular, fazem-se generalizações, tem-se a probabilidade e não a certeza da ocorrência de tal fenômeno. Como exemplo, se a produção de um bem A cresceu na última década a uma média de 10% a.a., não quer dizer que tal fenômeno se repita na próxima década.

Método econométrico

Este método tem como objetivo o estudo do aspecto quantitativo das relações entre os fenômenos econômicos.

O método econométrico está calcado em três campos do conhecimento humano: a teoria econômica, fornecendo os princípios e leis da economia; a Matemática, fornecendo a linguagem ideal ou a forma de expressão simbólica para a economia; e a estatística, que trabalha com os dados numéricos da observação, permitindo estabelecer uma relação entre a realidade observada e a teoria existente.

Ciências auxiliares para a pesquisa nas ciências econômicas

Em se tratando de uma ciência na área de humanas, o estudo das ciências econômicas não pode prescindir de conhecimentos fornecidos por uma gama enorme de outras ciências.

História

A História, que tem como objeto o estudo do homem e sua evolução nos vários campos do conhecimento, permitirá ao economista, por meio da análise dos fatos históricos, identificar a evolução da produção, da tecnologia, do comércio e do bem-estar da sociedade, podendo estabelecer leis de suma importância para o entendimento da realidade atual.

Sociologia

A Sociologia, tendo como objeto de estudo fatos sociais como os usos, os costumes, os modos de atividades, as leis, as instituições, entre outros, permitirá ao economista o conhecimento profundo dos agentes de mercado, consumidores e produtores, as instituições existentes e sua importância para o aumento da riqueza e do bem-estar da sociedade.

Geografia

É a ciência que tem por objeto a descrição da Terra na sua forma, acidentes físicos, clima, produções, populações, divisões políticas etc.

É por intermédio de um perfeito conhecimento de Geografia que se tem ideia da disponibilidade de recursos, quer materiais quer humanos, necessários à produção de bens e serviços. O estudo destes fatores produtivos permite avaliar o potencial econômico de um povo ou de uma região.

Psicologia

Em uma sociedade em que os indivíduos têm liberdade e direito à livre escolha, principalmente no que diz respeito à aquisição de bens e serviços, torna-se fundamental conhecer não só o seu comportamento em um determinado momento, mas as prováveis reações futuras. Assim, se os indivíduos acreditarem que os preços vão subir, eles necessariamente subirão.

Dependendo do objeto do trabalho a ser desenvolvido, podem tornar-se necessários conhecimentos obtidos a partir de outras ciências.

Método das ciências naturais ou biológicas

Biologia, etimologicamente, significa estudo da vida; tem como objetivo o estudo do ser vivo (animal e vegetal), de sua estrutura e composição química, das reações que nela se produzem, as leis de seu desenvolvimento, da natureza e a função de seus diversos órgãos e tipos de vegetais e animais.

Classificação da Biologia

A aplicação do método está intimamente ligada ao objeto do trabalho a ser desenvolvido, motivo pelo qual é importante uma classificação em suas linhas gerais para que o pesquisador tenha o seu trabalho facilitado, como segue:

- Botânica econômica: tem como objeto o estudo das plantas e dos benefícios que elas proporcionam ao homem, assim como o valor que ele lhes atribui.
- Zoologia econômica: estuda o valor econômico dos animais atribuído pelo homem, em função dos benefícios que eles lhe oferecem.
- Biogeografia: estuda a distribuição das plantas e dos animais nas diferentes regiões do mundo.
- Biologia marítima: estuda os seres vivos que habitam os oceanos.

- Ecologia: estuda as relações entre plantas e animais e o meio ambiente
- Paleontologia: é o estudo dos fósseis, ou seja, estuda os seres que existiram há muito tempo. Quando se trata de animais já extintos, denomina-se Paleozoologia; quando se trata de plantas extintas, a denominação é Paleobotânica.
- Anatomia: estuda a estrutura das plantas e dos animais.
- Taxionomia: dá nomes a todos os organismos, distribuindo-os e classificando-os conforme a relação de uns com os outros.
- Citologia: estuda a unidade mínima da matéria viva, a célula.
- Histologia: é o estudo dos tecidos e dos órgãos de plantas e animais.
- Genética: estuda as características das plantas e dos animais que se transmitem de uma geração de seres de uma mesma espécie para outra geração por meio de genes.
- Fitopatologia: estuda as doenças das plantas.
- Patologia: é o estudo das doenças dos animais e vegetais, assim como o modo de descobri-las e tratá-las.
- Embriologia: estuda as primeiras fases do desenvolvimento de plantas e animais. Por exemplo, a formação de uma ave dentro de um ovo.
- Medicina veterinária: estuda as doenças dos animais, ensinando também o modo de curá-los e preservá-los de moléstias.
- Psicologia: estuda o comportamento do homem e de outros animais, assim como a razão do seu comportamento.
- Evolução: estuda as transformações das plantas e dos animais do presente, passado e futuro.

Da mesma forma que nas ciências físicas, o método utilizado nas ciências biológicas é o indutivo e a posteriori, embora os processos empregados sofram modificações, segundo o objeto e a finalidade do trabalho.

É importante, então, que sejam considerados os processos gerais já discutidos: a observação, a hipótese, a experimentação e a indução.

A importância da experimentação pode ser ressaltada utilizando-se os trabalhos de Gregor Mendel, em 1865. Mendel partiu da hipótese de que a hereditariedade é transmitida por unidades, presentes nas células reprodutivas; essas unidades são atualmente conhecidas como genes. Fez as suas observações e experiências com plantas de ervilhas cultivadas. As confirmações dessas experiências em outras plantas e animais permitiram a generalização de suas conclusões, hoje conhecidas como Leis de Mendel.

Deve ser salientada a metodologia de trabalho utilizada pelo cientista. O ponto de partida de seu estudo foi o perfeito conhecimento dos trabalhos desenvolvidos pelos seus predecessores. Enquanto estes estudavam ao mesmo tempo todas as variações e estruturas que apareciam nos descendentes, ele utilizava linhagens puras, estudando um só caráter por vez. Somente quando adquiria conhecimentos suficientes sobre o comportamento de cada caráter isoladamente, passava a estudar dois caracteres simultaneamente. Contava o número de descendentes que resultava de cada cruzamento estudado e, assim, conhecia a herança sob o ponto de vista quantitativo.

Considerando-se que o trabalho nas ciências biológicas é desenvolvido nos seres vivos, todo cuidado é pouco, em razão dos problemas legais e éticos.

O método a ser utilizado deve ter em conta a ciência denominada de fato e a ciência de seres.

O método das ciências de fato (Fisiologia e Patologia)

As ciências de fato (a Fisiologia e a Patologia) são aquelas que observam os fenômenos vitais para determinar suas leis. O método adotado se aproxima do método das ciências físicas, ou seja, os mesmos processos, observação, hipótese, experimentação e indução.

O médico observa o que acontece com o paciente e o interroga para determinar a causa provável da doença. Esta causa é a hipótese, que pode ser verdadeira ou falsa, denominada diagnóstico. Após detalhado exame das causas prováveis é que o médico vai prescrever o medicamento. Caso o medicamento tenha um resultado positivo e curar o paciente, a hipótese será considerada verdadeira; caso contrário, será falsa, cabendo ao médico buscar uma nova hipótese.

No campo da Biologia, a experimentação, embora de grande importância, apresenta séria dificuldade em razão da complexidade dos fenômenos. O avanço tecnológico, assim como o grande desenvolvimento da farmacopeia, tem possibilitado um grande avanço nas pesquisas, reduzindo a margem de erros nos trabalhos e, consequentemente, permitindo conclusões cada vez mais verdadeiras.

O método das ciências de seres e de formas (Zoologia e Botânica sistematizada)

Enquanto na física parte-se do fato para a lei, nas ciências de seres parte-se do indivíduo variável e efêmero ao tipo geral e permanente.

Analogia

A analogia é um raciocínio que conclui, a partir de semelhanças observadas, outras semelhanças ainda não observadas.

Não confunda analogia com indução, pois a analogia se conclui a partir da presença de um ou vários caracteres para a presença de outras, vai do semelhante para o semelhante. A indução, a partir de alguns casos, conclui para todos da mesma espécie.

Por exemplo, conclui-se por analogia que Marte é habitado como a Terra, pois Marte assemelha-se à Terra pela forma, pelo movimento de rotação, pela presença de uma atmosfera.

O processo análogo não leva a uma certeza, mas sim a uma probabilidade criando hipóteses. A analogia pode apresentar-se, também, de forma intuitiva, constituindo meramente um caso de associação por semelhança.

Tipos de analogia

Os raciocínios utilizados na analogia são três:

- Dos meios para os fins: quando, a partir da semelhança dos meios, conclui-se a semelhança dos fins. Por exemplo, a traqueia do inseto, os brônquios do peixe e o pulmão do pássaro.
- Dos efeitos para as causas: quando, a partir da semelhança dos efeitos, conclui-se a semelhança das causas. Por exemplo, da analogia entre a ferrugem e a combustão, Priestley concluiu que toda oxidação é uma combustão lenta.
- Da natureza às qualidades ou leis: quando, a partir da natureza, chega-se às qualidades ou às leis. Por exemplo, da analogia entre os fenômenos do som, do calor e da luz, que constituem vibrações das moléculas do ar ou do éter, conclui-se que todos eles são regidos pelas mesmas leis.

Devem ser considerados alguns cuidados indispensáveis nos processos de analogia. Não tirar conclusões a partir de semelhanças superficiais, levar sempre em consideração as diferenças que as acompanham, não confundir conclusões certas, obtidas pela indução, com conclusões prováveis da analogia.

A transformação da conclusão provável do raciocínio analógico em verdadeira certeza pode ser verificada de três formas:

» Por demonstração, pode-se provar que não existem diferenças nos análogos que possam enfraquecê-la. É que a conclusão obtida não incide senão sobre as semelhanças entre os análogos.
» A experiência pode, com o correr do tempo, demonstrar a certeza da conclusão.
» Pelas consequências, pode-se verificar a certeza das conclusões.

Classificação

A classificação é a disposição dos seres segundo as suas semelhanças e diferenças, metodicamente distribuídos em certo número de grupos.

A definição de espécie é feita mediante a comparação de um grande número de indivíduos de acordo com suas características essenciais, formando um só grupo com aqueles que apresentam um maior número de características comuns (regra da afinidade natural). A espécie é denominada grupo inferior e pode dividir-se em certo número de variedades e raças.

Define-se o gênero como o grupo de espécies que apresentam um maior número de caracteres comuns dominantes. São denominados grupos superiores de acordo com a aplicação da regra da subordinação dos caracteres. Utilizando o mesmo processo, os vários gêneros podem ser reduzidos a uma mesma família, várias famílias a uma mesma ordem, várias ordens a uma mesma classe, várias classes a um mesmo ramo e vários ramos a um mesmo reino. Quanto maior a extensão, menor a compreensão.

Os vários grupos de mesma ordem podem ser dispostos segundo a ordem de perfeição crescente. A regra utilizada é denominada série natural.

Para os evolucionistas, a classificação é provisória, no sentido da evolução da vida. A classificação pode ser feita segundo dois critérios:

- Artificial: quando for baseado em caracteres exteriores e escolhido arbitrariamente, segundo o objetivo. Muitas vezes, as classificações não passam de simples agrupamento, mas que prestam um grande benefício ao estudioso pela facilidade na obtenção de informações.
- Natural: quando se baseia no conjunto de caracteres essenciais dos indivíduos e na ordem estabelecida pela própria natureza.

Trata-se de um trabalho científico de objetivos mais teóricos, com base na totalidade dos caracteres, pois a ordenação dos seres é o próprio fim de suas pesquisas.

Definição no campo das ciências naturais

Enquanto nas ciências matemáticas as definições dos objetos são ideais e a priori, nas ciências naturais as definições são efetuadas a partir de observações de coisas reais, evidentemente a posteriori.

A definição nas ciências da natureza é baseada no empirismo, ou seja, na experimentação, estando, portanto, sujeita a falhas, como omissão ou inclusão de dados não pertinentes ou subavaliados ou superavaliados; por isso, pode ser uma definição imperfeita e, consequentemente, sujeita a revisões.

A definição pode ser, então, uma proposição recíproca em que o atributo desenvolve toda a compreensão do ser.

Ela é feita utilizando-se o gênero próximo e a diferença específica. No gênero próximo obtêm-se todos os caracteres que o definido possui em comum com outros seres. A diferença específica identifica aqueles caracteres que não são partilhados com tipo algum do mesmo grau.

O tipo pássaro define-se como vertebrado (gênero próximo), ovíparo com circulação dupla (diferença específica).

Método das ciências morais e sociais

Enquanto o estudo do homem como ser vivo é objeto das ciências biológicas, o estudo do homem como ser dotado de razão e liberdade é objeto das ciências morais.

As ciências que têm por objetivo o estudo do homem podem ser classificadas da seguinte forma:

- Psicologia, que estuda o homem em si próprio.
- História, que estuda sua evolução através dos tempos.
- Ciências sociais, que estuda as relações do homem com seu semelhante.
  Uma segunda classificação, que tem por objetivo separar aquelas que estudam o homem real, ou seja, tal qual é, são puramente teóricas e retificam os fatos a fim de determinar-lhes as leis reais. Neste grupo encontram-se:
  » Psicologia experimental, que é a ciência dos fenômenos da consciência e de suas leis.
  » Ciência dos acontecimentos passados e das causas que os determinam.
  » Sociologia ou ciência social, que estuda a estrutura geral das sociedades humanas, as condições de equilíbrio de suas instituições e as leis que presidem o seu desenvolvimento.

Em outro grupo, a ciência que estuda o homem ideal, ou seja, tal qual deve ser, para indicar o que deve fazer. Sua finalidade é auxiliar o homem a realizar seu ideal. A ciência moral, que tem como objeto o estudo da verdade, que é a lógica; o estudo do belo, que é a estética; e a ciência política, que procura determinar as leis gerais de qualquer sociedade.

O método a ser utilizado será definido segundo características específicas de cada uma das ciências, pois, enquanto as ciências que trabalham com fatos concretos decorrentes da observação utilizam o método indutivo, as ciências morais, que se preocupam com o ideal, ou seja, como deve ser o homem, utilizam o método dedutivo.

Partindo da experimentação (método indutivo), aplicada à Sociologia e à Psicologia, será possível à ciência moral, via dedução, determinar a regra ideal dos atos humanos.

O método utilizado na História

A História é a ciência que tem como objetivo o estudo dos principais acontecimentos políticos, econômicos, intelectuais e morais relativos a uma época ou de toda a humanidade.

Como e onde obter informações sobre os fatos? E quais os critérios para se proceder à verificação da verdade ou da falsidade?

A grande dificuldade é conseguir chegar aos fatos históricos que o pesquisador pretende estudar. Os fatos históricos nem sempre são acessíveis à observação direta, motivo pelo qual deverão ser verificados nos vestígios que deixaram. O trabalho executado pelos arqueólogos pode ser um exemplo, pois estes buscam reconstituir os fatos históricos pelos vestígios encontrados.

O pesquisador pode ter contato com os fatos históricos das formas a seguir:

Forma oral ou pela tradição

Informações sobre o passado podem ser obtidas, desde que não de um passado muito distante, de testemunhas que presenciaram o acontecimento ou fato. Esta informação pode vir, imediatamente, de quem observou o fato ou vivenciou o momento, o imediatamente, quando o observador está transmitindo informações recebidas de outros.

Essas informações estão normalmente sujeitas a restrições, em razão, muitas vezes, da impossibilidade de estabelecer se são verdadeiras ou falsas, pois são comuns exageros e omissões, segundo conveniências do informante.

Nesse sentido, são necessários alguns cuidados por parte do pesquisador, de modo a confirmar a validade das informações que a tradição fornece. Define-se tradição como a transmissão dos testemunhos feitos no começo, oralmente, e fixados por monumentos ou escritos. Qualquer relatório ou escrito feito há mais de um século é considerado tradicional.

Estas informações obtidas pela tradição só são importantes, normalmente, quando referentes a acontecimentos capazes de marcar, de maneira profunda, a memória dos povos. A Guerra Civil Espanhola, por ter sido um acontecimento tão marcante para aquele povo, transmite-se de geração em geração da forma mais intensa possível.

É importante que, a partir de informações obtidas pela tradição, seja possível chegar à testemunha ocular. Portanto, há necessidade de retroceder, seguindo os vestígios, até chegar-se à testemunha ocular do fato. A confirmação da veracidade do relato pode ser obtida mediante a análise de monumentos mais estáveis, que podem ou não confirmá-lo.

Caso o relato esteja baseado em determinadas obras, então, neste caso, elas deverão ser analisadas para estabelecer-se a sua credibilidade.

Monumentos

Para efeito de pesquisa em História, entende-se por monumento todo e qualquer objeto material que permita a reconstituição do passado. Por exemplo, as moedas, as armas, as obras arquitetônicas (igrejas, fortalezas, palácios), móveis, utilidades domésticas, instrumentos de caça e pesca, entre outros.

Os documentos originais, pergaminhos e manuscritos constituem autênticos monumentos e, como tais, passarão por avaliações, pois serão analisadas as suas qualidades intrínsecas. Exemplos: papel, tinta e caracteres, que permitem identificar o local, época e outras características do povo ou da comunidade objeto do estudo.

A autenticidade de um monumento pode ser avaliada a partir dos materiais utilizados, do seu estado de conservação, do processo utilizado, assim como do estilo, quer de linguagem, quer arquitetônico. Deve-se ter cuidado, pois o monumento pode ter sido confeccionado posteriormente à data da análise intrínseca.

Para a confirmação da época efetiva do monumento, deve-se compará-lo a outros monumentos da mesma época, já devidamente confirmados como autênticos.

Pela análise extrínseca do documento, pode-se concluir se ele fala a verdade ou não, mediante uma confrontação com textos, valores culturais etc.

Documentos

A maioria das informações que o historiador recebe provém de documentos escritos. Alguns têm como objetivo guardar a lembrança do passado; tais documentos são a história, as biografias, as memórias e os anais. Existem outros documentos ligados ao cotidiano da sociedade que, embora não escritos com o objetivo de se tornarem fontes históricas, acabam sendo de suma importância nas avaliações intrínseca e extrínseca; são cartas, registros de operações comerciais, leis, entre outros.

O primeiro problema a ser resolvido refere-se à autenticidade do documento em análise. Pela análise intrínseca, ou seja, estilo e ideias, pode-se estabelecer a época e o autor. Deve-se verificar se o conteúdo da obra expressa as suas qualificações, assim como os costumes da época.

Pela análise extrínseca, pode-se verificar se o texto já não consta de alguma obra anterior à data suposta do documento. Caso isso ocorra, a obra não é nem da data nem do autor. Pelo conteúdo, ou seja, pelo assunto tratado, pode-se também verificar a autenticidade da obra.

Caso o documento seja uma cópia, a sua integridade pode ser verificada mediante a confrontação com outras cópias ou edições, tomando-se o cuidado de não compará-la a outras cópias que tenham a mesma origem. Se houver divergências, deve-se remontar a versão primitiva. Quando isso não for possível, por existir uma cópia única, devem-se examinar e comparar entre si as várias partes, rejeitando-se aquelas que não são coerentes com o todo; neste caso, a decisão será subjetiva.

Comprovada a autenticidade relativa à data da obra e sua autoria, é importante saber se o seu conteúdo é verdadeiro ou não. É importante que o pesquisador não se deixe levar pelas aparências e por falsas informações. Deve--se questionar a autoridade do autor no referido assunto, bem como as fontes utilizadas por ele.

É preciso verificar se aqueles que relataram os fatos merecem credibilidade, pois, dependendo do nível de conservação e do ambiente, é possível que uma determinada comunidade acredite mais veementemente na existência da mula sem cabeça do que na viagem do homem à Lua. Embora cientificamente seja inconcebível a existência da mula sem cabeça, está cientificamente provada a viagem do homem à Lua, mostrada inclusive pela televisão e por meio de fotos, entre outros.

No caso de o relato ter como fonte uma só testemunha, devem ser avaliadas as qualidades intelectuais, morais e sentimentais para sua aceitação ou não.

Havendo mais de uma testemunha e estando elas perfeitamente de acordo no relato, ou seja, na história contada, é importante verificar se não existe um acordo entre elas que comprometa o valor da obra.

Quando há contradição, analisam-se, individualmente, as testemunhas com o critério já exposto anteriormente, pela comparação dos testemunhos para aceitar-se a veracidade do relato.

Ciências auxiliares na pesquisa da História

O estudo da História, assim como de outras ciências, não pode prescindir dos subsídios fornecidos pelas mais variadas áreas do conhecimento humano, que aqui são apresentadas de forma resumida.

Geografia

É a ciência que tem por objetivo a localização dos fatos observados, determinando-lhes a área geográfica, as analogias existentes entre um fato observado em uma determinada área e outros em áreas diferentes, com o objetivo de formular leis.

Para pesquisar as causas e estudar as consequências dos fatos observados, há a necessidade da utilização de várias ciências afins.

Dada a amplitude do seu campo de atuação, encontra-se dividida em várias áreas, tais como: Geografia Física, Geografia Humana, Geografia Econômica, entre outras.

A própria definição das várias áreas que envolvem o estudo da Geografia já permite concluir sua importância no estudo da história. Como exemplo, o bom conhecimento de Geografia vai permitir que se avalie um fato histórico pelas condições climáticas, de relevo, da disponibilidade de recursos naturais e humanos, entre outros, de um determinado grupo objeto de estudo.

Economia

O conhecimento da situação econômica dos povos vai permitir ao historiador tirar conclusões que permitam explicar um grande número de fenômenos, tais como: nível de riqueza, bem-estar social, condições tecnológicas, intercâmbio comercial, transportes, relações de trabalho e conflitos entre o capital e o trabalho.

Demografia

Sendo a ciência que estuda o estado, o movimento e o desenvolvimento das populações, permite ao pesquisador avaliar o resultado dos movimentos migratórios, assim como o aumento e diminuição da população, determinando-lhes as causas e consequências, ao mesmo tempo em que serve para comprovar a autenticidade e veracidade das fontes de informações.

Sociologia

A Sociologia, tendo como objetivo o estudo dos fatos sociais, ou seja, as maneiras de pensar, os modos de atividade, os usos, os costumes, as leis, as instituições, entre outros, permite ao historiador o conhecimento necessário ao entendimento dos avanços dos grupos sociais e suas influências individuais, bem como sua evolução ao longo dos tempos.

Cronologia

É a ciência da divisão do tempo e da determinação da ordem de sucessão dos acontecimentos; permite ao historiador localizar no tempo os grandes acontecimentos necessários ao estudo da História, permite precisar se o fato em questão pertence ou não à época estimada.

Arqueologia

Dá ao historiador os conhecimentos necessários do homem, a partir de pesquisa e reconstituição dos objetos das suas obras arquitetônicas, tornando possível identificar o estágio de desenvolvimento de determinado povo ou grupo social.

Hermenêutica

Esta ciência permite o estudo e a interpretação dos textos sagrados necessários ao conhecimento da História.

Heurística

Tendo como objeto a pesquisa de documentos do passado, fornece subsídios para a ciência histórica confirmar ou não os fatos em estudo.

Esfragística

O estudo dos selos, sinetes e carimbos permite ao historiador fazer a identificação dos grandes acontecimento da época, pois é comum a emissão de selos comemorativos.

Criptografia

Sendo a arte ou processo de escrever em caracteres secretos, permite ao pesquisador tomar conhecimento de fatos históricos a partir do seu deciframento.

Psicologia

É a ciência do comportamento animal e humano em suas relações com o meio físico e social.

Nada mais importante para o historiador do que ter condições de conhecer o comportamento dos povos ao longo dos tempos, e sua importância no processo de evolução dos indivíduos e do grupo social.

Antropologia

Permite ao pesquisador obter um conhecimento mais profundo do homem, tanto no aspecto físico como no sociocultural.

Quanto ao aspecto físico, a Antropologia dá as informações necessárias sobre os caracteres do homem, tais como: formação óssea, estrutura craniana e outros elementos que permitem a sua localização no tempo e sua adaptação ao meio.

No aspecto sociocultural, a Antropologia permite determinar o estágio de desenvolvimento do homem, suas relações com os semelhantes e sua evolução cultural.

Além destas ciências, outras existentes poderão ser de grande valia para o pesquisador, dependendo, evidentemente, do objeto a ser pesquisado. Entre outras, podemos citar a Diplomática, a Paleografia, a Papirologia, a Epigrafia, a Numismática, a Filatelia, a Linguística e a Filosofia.

O método utilizado nas ciências sociais (Sociologia)

Deve-se a Auguste Comte a formulação básica da Sociologia e a sua classificação como ciências que se utilizam das outras para a consecução do seu objetivo.

Segundo o autor, a Sociologia tem por objetivo estudar as instituições e as manifestações da vida social, e também as variações e transformações destas mesmas instituições.

Modernamente, a Sociologia é definida como a ciência que estuda os assuntos sociais e políticos, especialmente a origem e desenvolvimento das sociedades humanas em geral e de cada uma em particular.

A Sociologia, tendo como objetivo o estudo dos fatos sociais, ou seja, as maneiras de pensar, os modos de atividade, os usos, os costumes, as leis, as instituições, entre outros, exige do pesquisador métodos adequados, segundo o objetivo.

Utiliza-se de vários métodos de acordo com os objetivos do trabalho científico.

Método indutivo

O trabalho do pesquisador em Sociologia começa, necessariamente, pela observação dos fatos, podendo ser direta ou indireta.

Tratando-se de fatos observados, em que por meio do processo indutivo chega-se até a sociedade em geral, pela observação direta da família, da escola e da cidade.

A partir de observações de casos particulares, é possível chegar à conclusão de ordem mais geral.

Como exemplos, citam-se as pesquisas eleitorais, que, a partir da observação de um pequeno grupo de eleitores, definem a tendência do eleitorado. Realiza-se esta observação mediante a utilização de questionário, muito utilizado nas pesquisas sociais.

Método dedutivo

Este método permite que, a partir de princípios gerais, fatos particulares sejam deduzidos. Por exemplo, pode-se, a partir do conhecimento da sociedade brasileira, deduzir o comportamento médio da família brasileira.

Utilizando-se conhecimentos da história de determinados povos, pode-se caracterizar a família, a cidade, os usos e costumes, as relações entre indivíduos.

Outros métodos

Método comparativo

O método comparativo tem como objetivo estabelecer leis e correlações entre os vários grupos e fenômenos sociais, mediante a comparação, pela qual se estabelecerão semelhanças e diferenças.

Método histórico

A partir do estudo dos acontecimentos, processos e instituições das civilizações passadas, procura identificar e explicar as origens da vida social contemporânea.

Método estatístico

Apesar das dificuldades para quantificar os fenômenos sociais, a sociologia vale-se da quantificação matemática dos numerosos fatos que, reduzidos a números, permitem o estabelecimento de relações e correlações existentes entre eles.

O método estatístico presta-se tanto para que sejam inferidas como deduzidas as consequências dos fatos sociais analisados.

Método monográfico

Este método permite, mediante o estudo de casos isolados ou de pequenos grupos, entender determinados fatos sociais. É também denominado estudo de caso.

Método formal

Tem como objetivo a análise das relações sociais existentes entre os indivíduos, sobretudo no que diz respeito à forma, independente do conteúdo; preocupa-se, principalmente, com a aparência.

Método funcional

Este método estabelece uma analogia entre a sociedade e um organismo. Estuda os fenômenos sociais a partir de suas funções, analisando as partes inter-relacionadas e interdependentes para entender o funcionamento do todo, ou seja, o sistema social total.

Método compreensivo

Enquanto o método formal tem como preocupação o estudo do fato social, principalmente no que diz respeito à forma, este método dá grande importância ao conteúdo das ações sociais, ao significado e aos motivos.

Método ecológico

Tem como objetivo o estudo das relações existentes entre o homem e o meio em que vive. Analisa o processo de interação entre os fatos sociais e os elementos da natureza; por exemplo, pode-se citar o comportamento da sociedade perante a poluição da atmosfera e também o consumo, por esta mesma sociedade, de produtos que tragam um conforto, como spray para aromatização de casas, mas que acarretam em problemas para o meio ambiente, com sérias consequências futuras.

3.4 Leis, sistemas ou teorias

Todo trabalho científico tem como objetivo maior, pela experimentação, confirmar a hipótese (possível solução). A lei é a comprovação científica da relação de causa e efeito.

A experimentação também pode determinar a negação da hipótese, uma vez que os fatos não permitam aceitá-los; neste caso, o trabalho científico não tem qualquer valor.

Quando não se consegue nem comprovar nem contradizer a hipótese, o trabalho científico ficará pendente de futuras explicações para a obtenção de um resultado final de aceitação ou rejeição. Quando for aceito, será uma lei cientificamente demonstrada.

A teoria ou o sistema é a síntese de leis particulares ligadas por uma explicação comum. Por exemplo: o Sistema de La Place e a Teoria da Evolução de Darwin.

São denominadas teorias explicativas aquelas que conseguem explicar a natureza dos fenômenos e suas leis; por exemplo, a causa do som pelo movimento do ar.

As teorias são denominadas simbólicas quando têm como objetivo a construção simbólica da realidade. É o caso das teorias da Física Moderna. São teorias essencialmente provisórias, pois estão sujeitas ao aparecimento de outras hipóteses que explicariam melhor esses fatos e leis.

É importante enfatizar que, assim como o homem está em um processo de evolução, as ciências também estão. Daí a importância das hipóteses e teorias provisórias, que impulsionam o conhecimento humano. Ernest Naville, quando afirma que a Física Moderna é uma grande hipótese em via de confirmação, evidencia o caráter provisório de teorias e hipóteses.

Capítulo 4

Pesquisa

A busca do saber, ou seja, a busca do conhecimento, tem sido a preocupação maior do ser humano. O avanço técnico/científico depende de um trabalho desenvolvido mediante a utilização de métodos que permitam separar sempre o verdadeiro do falso.

O método, como já exposto anteriormente, é o caminho a ser trilhado pelos pesquisadores na busca do conhecimento. Existe o método geral, aplicado a toda e qualquer área do conhecimento humano, e o método particular, específico para cada campo da ciência, com suas próprias especificidades. Por exemplo, o método nas pesquisas físico-químicas, que metodologicamente deverá seguir os seguintes passos: observação, hipótese, experimentação e indução.

O trabalho desenvolvido pelos cientistas a partir de métodos, leis e teorias devidamente comprovadas na busca de novos conhecimentos denomina-se pesquisa científica. O termo pesquisa é utilizado para designar todo trabalho destinado à busca de soluções para os inúmeros problemas que as pessoas enfrentam no dia a dia. Mas a pesquisa científica que busca a verdade trabalha com métodos adequados para que seus resultados sejam aceitos pela comunidade científica e acrescente algo ao conhecimento já existente.

No dia dos pais, Juliana resolve dar um presente ao seu pai, mas não sabe ainda o que comprar. É evidente que Juliana visitará um grande número de lojas pesquisando o que comprar.

Antônio resolve dar um presente a sua noiva, mas dada a sua condição financeira, estabelece que não pode gastar mais do que 20% do seu salário. Sai a campo, ou seja, visita "n" lojas pesquisando qual o melhor presente a ser adquirido em função da sua disponibilidade financeira.

O secretário de uma faculdade resolve fazer um levantamento de todos os alunos de raça negra matriculados em um determinado curso. Para tanto, vai pesquisar no arquivo da instituição.

Em uma delegacia, o delegado resolve fazer uma estatística dos vários tipos de crime cometidos na sua jurisdição. Solicita ao seu auxiliar que faça um levantamento (pesquisa) de todos os casos de um determinado período.

Um professor solicita que seus alunos façam uma pesquisa das obras de Machado de Assis. É evidente que os alunos buscarão as informações no acervo da biblioteca.

Uma dona de casa vai a uma feira livre fazer suas compras da semana. Vai andar em todos os sentidos, comparando (pesquisando) os preços para posteriormente comprar os produtos.

É importante notar que o termo pesquisa é normalmente usado para indicar a procura de respostas para os mais variados problemas.

Para alguns, o homem que pesquisa, ou seja, o pesquisador, nada mais é do que um garimpeiro, cujo sucesso depende de sua disposição ao trabalho, dos recursos disponíveis e de sua maneira de atuar perante o problema ou obstáculo a ser superado.

Define-se pesquisa científica como o trabalho desenvolvido de forma planejada e segundo metodologias aceitas cientificamente. A importância da experimentação pode ser ressaltada utilizando-se os trabalhos de Gregor Mendel, de 1865, mencionados no Capítulo 3.

A dona de casa foi à feira e, inconscientemente, fez um planejamento estabelecendo o horário; ela sabe que, se for mais cedo, encontrará produtos melhores por um preço mais elevado; se for mais tarde, terá preços mais baixos, mas normalmente produtos de qualidade inferior. Em função de sua disponibilidade financeira, ela prioriza os produtos a serem comprados e sabe também qual o percurso mais racional a ser feito na feira.

Esse trabalho, desenvolvido racionalmente pela dona de casa, não constitui um trabalho científico, porque nada acrescenta ao conhecimento já existente a respeito desse comércio.

Conclui-se daí que a característica maior da pesquisa científica é o acréscimo ao conhecimento já existente sobre o assunto pesquisado.

4.1 Pesquisa bibliográfica

Qualquer que seja o campo a ser pesquisado, sempre será necessária uma pesquisa bibliográfica, que proporciona um conhecimento prévio do estágio em que se encontra o assunto.

Enquanto o pesquisador de laboratório trabalha com fontes primárias, a maioria dos pesquisadores trabalha com fontes bibliográficas, ou seja, com informações já escritas em livros, jornais, revistas, entre outros.

Para o biólogo e para o físico, que fazem pesquisas experimentais em seus laboratórios e, normalmente, trabalham manipulando materiais, suas atividades são precedidas de um levantamento, mediante pesquisa bibliográfica, em busca de informações sobre tudo que já foi escrito a respeito.

Embora o pesquisador esteja no seu laboratório fazendo estudos experimentais, deve tomar conhecimento dos avanços alcançados atualmente por outros pesquisadores no mesmo campo.

É importante ressaltar que, ao estudar fatos da atualidade, que ainda não foram cristalizados na forma de livros, os periódicos, jornais, revistas e, principalmente, publicações especializadas no assunto são de fundamental importância para o pesquisador.

Fases ou etapas da pesquisa

O momento mais importante na vida de um cientista, de um pesquisador, é a definição do trabalho que pretende desenvolver; as obras de pesquisa empregam outras denominações, tais como: escolha do assunto, escolha do tema, objetivo do trabalho, entre outras. Passo tão importante não deve ser dado sem que vários aspectos sejam devidamente considerados, como: finalidade do trabalho, preferência ou gosto pelo assunto, tempo necessário à execução da pesquisa e tecnologia disponível.

Finalidade do trabalho

Na maioria das vezes, o pesquisador depende da aprovação de determinadas entidades para o desenvolvimento do seu trabalho, tais como universidades e instituições de fomento à pesquisa, pois tudo envolve tempo e dinheiro, a não ser que o pesquisador seja o seu próprio financiador, o que normalmente não é comum.

Por essa razão, a maioria dos pesquisadores está sempre subordinada a determinados interesses econômicos, sociais, médicos, entre outros. A busca de resultados em curto prazo é fator preponderante para o financiamento.

Quando cabe ao pesquisador a escolha do trabalho a ser desenvolvido, é importante que seja levada em consideração a sua utilidade para o desenvolvimento científico. Contudo, mesmo quando o resultado obtido não tenha utilização prática e imediata, poderá servir de base para novos trabalhos.

Preferência ou gosto pelo assunto

Toda pesquisa pressupõe muito trabalho, muita dedicação, muito tempo, pois existem pesquisas que demandam anos de esforço, motivo pelo qual é importante que o pesquisador tenha satisfação pelo que está realizando.

É normal que esta preferência tenha como razão estudos já realizados, trabalhos já efetuados sobre o referido tema, e que seja esta a causa do seu maior interesse.

Sabe-se que todo trabalho é muito desgastante, mas quando se gosta daquilo que se faz, sempre existe uma recompensa que ameniza tal desgaste. Só um interesse muito grande pode manter o pesquisador durante anos e anos dentro de um laboratório, ainda mais porque o resultado nem sempre é aquele esperado.

Tempo necessário à execução da pesquisa

Nem sempre o pesquisador tem todo o tempo disponível para apresentar os resultados exigidos, pois, em geral, os financiadores estabelecem prazos; daí a necessidade de se estabelecer um cronograma de execução considerando todas as variáveis possíveis e detalhando as várias etapas do projeto e as respectivas datas de conclusão, pois o atraso na conclusão de uma etapa determina provável alteração na data da conclusão final.

É evidente que a elaboração desse cronograma pressupõe a existência de um projeto e, consequentemente, de uma pesquisa preliminar já efetuada.

Tecnologia disponível

Na pesquisa preliminar, verifique se os equipamentos disponíveis e necessários às várias etapas do trabalho são acessíveis, pois, muitas vezes, um trabalho é interrompido por falta dessa condição. Não se deve nunca iniciar uma pesquisa sem ter a certeza de que a tecnologia necessária estará disponível.

4.2 Classificação da pesquisa

Pesquisa preliminar

Toda e qualquer pesquisa tem como ponto de partida o conhecimento e a identificação dos elementos que compõem a problemática a ser esclarecida.

Todo pesquisador encontra grande dificuldade, principalmente no que diz respeito à formulação de hipóteses de trabalho. Daí a necessidade de uma pesquisa preliminar como ponto de partida, não só para a definição do problema e das hipóteses, mas também do roteiro de pesquisa, ou seja, da elaboração de um sumário ou pré-índice, que estabelecerá determinados parâmetros a serem obedecidos.

É importante que o pesquisador tenha conhecimento da magnitude do trabalho a ser desenvolvido, sobretudo no que diz respeito à disponibilidade de recursos, tais como: tempo, recursos financeiros, acessibilidade às informações necessárias ao desenvolvimento do trabalho, recursos técnicos e tecnológicos.

A disponibilidade de recursos, principalmente financeiros, é fundamental para se desenvolver determinada pesquisa, pois, como se sabe, é necessário fazer uma projeção das prováveis despesas, porque tudo dependerá da existência de possíveis financiadores.

A pesquisa da cura da aids tem sido possível em razão dos volumosos recursos despendidos pelos grandes laboratórios farmacêuticos e por outras entidades.

Neste caso, a profundidade do trabalho a ser desenvolvido vai depender, necessariamente, dos recursos disponíveis.

É importante ressaltar que o tempo será fator primordial para o desenvolvimento de determinadas pesquisas. A Engenharia Genética serve como exemplo de como o tempo pode ser determinante no desenvolvimento de uma pesquisa, pois a melhoria genética de uma determinada espécie pode demandar anos de observações e experimentações.

Para determinados tipos de pesquisa, a tecnologia disponível é de fundamental importância para o seu desenvolvimento. O surgimento do microscópio eletrônico ampliou o horizonte dos pesquisadores em determinadas áreas; do mesmo modo, as análises computadorizadas tornaram-se muito comuns.

É importante que o pesquisador tenha conhecimento pleno quanto à acessibilidade das informações necessárias ao desenvolvimento de seu trabalho. É comum que certas pesquisas, por mais importantes que sejam, não consigam ser concluídas em função da impossibilidade de acesso a determinadas informações por razões políticas, econômicas e sociais, entre outras.

A certeza quanto ao acesso às informações é de fundamental importância para aquele que pretende iniciar e concluir um determinado trabalho.

Pelo exposto, fica perfeitamente evidenciado o caminho a ser seguido para se garantir a viabilidade de um determinado projeto.

Pesquisa teórica

O pesquisador pode ter como objetivo maior desenvolver novas teorias, criar novos modelos teóricos, estabelecer novas hipóteses de trabalho nos vários campos do conhecimento humano, quer por dedução, indução ou analogia.

Este trabalho, que não tem por objetivo uma utilização prática dos resultados, mas sim o enriquecimento do conhecimento científico, define-se como uma pesquisa teórica. É importante ressaltar que o embasamento teórico é fundamental para o desenvolvimento de qualquer tipo de pesquisa e para o avanço de qualquer campo da ciência.

O trabalho de Darwin, elaborado no sentido de provar a origem da espécie humana, é um bom exemplo de um trabalho essencialmente teórico e que contribuiu para a evolução de novas ideias e discussões sobre os seres vivos.

Pesquisa aplicada

Tendo-se em vista a grande gama de interesses, principalmente econômicos, a maioria das pesquisas é realizada a partir de objetivos que visem sua utilização prática. Valem-se estas pesquisas das contribuições das teorias e leis já existentes.

É definido como pesquisa aplicada em função de seu objetivo ser mais imediatista, pois o investidor tem pressa no retorno do recurso aplicado.

A competitividade existente em uma economia de mercado faz as empresas criarem novos produtos ou aumentarem a eficiência dos já existentes, pois tão importante quanto o conforto que um carro oferece é o número de quilômetros que roda com um litro de combustível.

Pesquisa de campo

Para conhecer os efeitos da distribuição de renda sobre a criminalidade, torna-se indispensável conhecer os dados e estabelecer uma correlação entre as variáveis (distribuição de renda-criminalidade).

Uma empresa especializada na pesquisa de intenção de votos pretende inferir o resultado da próxima eleição. Inicialmente, deverá fazer uma coleta de dados, mas, como o universo é grande demais e impossibilita uma coleta total, esta será feita a partir de uma amostra determinada cientificamente.

As empresas de comunicação acompanham todos os dias o índice de audiência mediante uma coleta de informações junto à comunidade, e esta coleta em geral é feita por amostragem.

Esse tipo de consulta, que pode ocorrer por meio de questionário ou entrevista junto aos elementos envolvidos, permitirá a análise e as conclusões, segundo objetivos previamente estabelecidos. Esta pesquisa, que tem como base observar os fatos tal como ocorrem, é denominada pesquisa de campo.

Como já mencionamos, torna-se necessária, sempre, uma pesquisa preliminar mediante a consulta de outros trabalhos ou publicações em geral sobre o assunto em questão, pois toda pesquisa científica tem como objetivo acrescentar algo ao que já se conhece.

Fases da pesquisa

Antes de iniciar qualquer trabalho científico é importante que o pesquisador tenha pleno conhecimento do estágio em que se encontra o assunto a ser trabalhado. É a pesquisa bibliográfica preliminar que fornece todas as informações necessárias para uma sequência, ou seja, o avanço em determinados campos do conhecimento.

Nunca tente reinventar a roda, ou seja, deve-se sempre partir do ponto mais avançado, de forma a acrescentar algo ao que se sabe.

Dada a impossibilidade de se trabalhar com todo o universo a ser estudado, há necessidade de se determinar cientificamente a amostra, da qual serão obtidas as conclusões.

Definida a amostra, cabe ao pesquisador estabelecer os critérios da coleta das informações e do seu registro, com o objetivo de tirar as devidas conclusões.

Coleta de dados

As informações necessárias, tendo-se em vista a pesquisa a ser realizada, podem ser obtidas das mais variadas formas, segundo o critério ideal estabelecido pelo pesquisador.

A entrevista como forma de coleta de dados exige o estabelecimento de quesitos ou perguntas perfeitamente adequadas aos objetivos propostos. É importante que o entrevistador esteja devidamente qualificado para ater-se aos objetivos estabelecidos, não induzindo o entrevistado a fornecer respostas que lhe convêm.

Outra forma muito utilizada para a coleta de dados é a elaboração de um questionário a ser preenchido pelo informante, que pode valer-se do anonimato, permitindo desta forma que os dados obtidos correspondam fielmente aos anseios do informante.

Todo e qualquer cuidado é pouco quando da elaboração do questionário, para que as respostas possam ser precisas e não permitam dupla interpretação.

Pode-se utilizar também um formulário, a ser preenchido pelo entrevistador, tendo-se em vista os quesitos estabelecidos e as respostas dadas pelo entrevistado.

Muitas vezes, em razão do baixo nível cultural do entrevistado, torna-se importante a presença do entrevistador para a obtenção das respostas adequadas ao formulário.

4.3 Pesquisa na Sociologia

O objetivo da Sociologia é o estudo dos fatos sociais, que são as maneiras de pensar, os modos de atividades, os usos, os costumes, as leis, as instituições que explicam a influência do grupo sobre o indivíduo, a origem e o desenvolvimento desses fatos.

Embora o fato social seja um produto resultante da sociedade, é um fator que atua sobre a sociedade como tal.

A Sociologia utiliza métodos e técnicas de investigação que são úteis também em outras ciências. É a partir da definição do objeto de estudo que são determinadas as técnicas a serem utilizadas.

A pesquisa em Sociologia é normalmente desenvolvida nas etapas a seguir:

Observação

Definido o trabalho a ser efetuado, a primeira atitude é observar o grupo social objeto da pesquisa; este é, portanto, o primeiro contato que se denomina pesquisa de campo.

Para que uma observação seja considerada científica, deve preencher determinadas condições, como ter um objeto perfeitamente definido e ser planejada e registrada sistematicamente. Estas observações devem ser comprovadas quanto à sua validade e confiabilidade.

Alguns cuidados relativos à observação

É evidente que, dada a complexidade dos fatos sociais, é impossível ao observador captar a totalidade desses fatos; por essa razão, é necessário trabalhar a partir do objeto previamente estabelecido com a definição exata daquilo que deve ser observado.

Na observação do fato social é sempre importante destacar os elementos mais significativos e necessários para sua melhor compreensão.

Deve-se obter o máximo possível de informações sobre esses elementos envolvidos no fato social, objeto do estudo, tais como idade, sexo, função social e vínculos existentes entre estes.

É importante, também, que se faça uma perfeita observação do ambiente no qual o fato social acontece; isso porque o ambiente pode ser fator determinante do tipo de comportamento dos indivíduos.

As razões e os objetivos determinantes da existência do grupo social, ou seja, o porquê da reunião desses elementos, também deve ser observado.

É importante observar o que ocorre entre os elementos componentes desse grupo social, incluindo o que fazem e com quem compartilham e como se comportam em relação à sociedade como um todo.

O observador deve estar atento também à frequência com que os fatos ocorrem, assim como a sua duração.

Registro dos dados

O observador enfrentará grandes dificuldades para fazer as anotações dos fatos observados porque, ocorrendo reações negativas dos elementos e objetos do estudo, poderá prejudicar-se o resultado final.

O observador nunca deve confiar na sua memória porque os resultados poderão ser totalmente distorcidos, em razão da sua subjetividade no relato do fato.

Daí a necessidade de o observador encontrar formas ou maneiras de fazer as anotações aproveitando o desenrolar dos acontecimentos. Ele pode utilizar um pedaço de papel, no qual as anotações mais importantes serão efetuadas, mas sem despertar suspeitas no entrevistado, porque as informações poderiam ser distorcidas.

É importante que as suas anotações se restrinjam exclusivamente aos fatos observados, evitando-se interpretações pessoais.

Podem-se utilizar, também, máquinas fotográficas, filmadoras e gravadores para o registro dos fatos e posterior análise, desde que tal uso seja autorizado pelo grupo, sem que este tenha a possibilidade de alterar o cenário, movido por interesses próprios.

A utilização de mais de um observador do mesmo fato poderá render resultados mais reais depois de uma comparação dos dados registrados.

A observação poderá ser feita, também, mediante um acordo com os elementos observados, pois isso facilitaria o trabalho; as informações, porém, podem ser dadas segundo o interesse do grupo observado.

O entendimento de determinados fatos observados muitas vezes só é possível mediante a utilização de um elemento do grupo que conheça a realidade que está sendo observada. O registro de um fato religioso só poderá ser feito com a ajuda de alguém que conheça todo o ritual que está sendo desenvolvido. Da mesma forma, uma observação do dia a dia em uma favela só será possível com a utilização, também, de alguém que conheça inclusive a linguagem utilizada.

Todo cuidado será pouco para evitar que esse elemento do grupo, que está sendo utilizado na observação do fato, dê as informações que ele pretenda que sejam registradas e que contrariam a realidade.

Determinados estudos, dada a complexidade do contexto no qual o fato social ocorre, podem exigir que o observador tenha de conviver com o grupo estudado; daí a denominação de observação participativa, ou seja, o observador tem de ser um autêntico ator. Para ter uma ideia da realidade vivida por grupos de indigentes, é preciso conviver com eles durante certo período.

Qualidades necessárias a um bom observador

É importante destacar que as informações obtidas serão a base sobre a qual todo o trabalho será desenvolvido. Não se deve economizar na contratação de tais elementos, o que é muito comum.

Em primeiro lugar, o observador deve ter plena capacidade física e mental, os órgãos dos sentidos devem estar plenamente aptos a captar tudo o que ocorre no contexto, objeto do estudo; por exemplo, ver bem, ouvir bem, cheirar bem etc. Deve ser interessado no trabalho que vai executar e ser muito honesto para deixar de lado suas próprias interpretações do fato.

Em contrapartida, o observador deve estar muito bem preparado intelectualmente para o trabalho a ser executado, ou seja, conhecer com a maior profundidade possível o assunto em estudo. Dessa forma, detalhes importantes que passariam despercebidos a um leigo serão muito evidenciados pelo especialista. Só ele terá capacidade de separar o principal do acessório.

Entrevista

As informações necessárias para o desenvolvimento do estudo podem ser obtidas mediante o preenchimento de um questionário pelo pesquisado. Muitas vezes, um questionário bem elaborado não é suficiente para alcançar a realidade buscada.

Esses questionários podem ser inclusive remetidos pelo correio ou via distribuição direta junto aos elementos do grupo. É comum que o pesquisado falseie as respostas; assim, em uma pesquisa sobre renda familiar, é provável que o indivíduo de alta renda apresente respostas com resultados inferiores ao real e o de baixa renda apresente respostas com valores superiores.

Muitas vezes, o entrevistado não tem condições intelectuais não só para entender as perguntas, mas também para dar as respostas; neste caso, é imprescindível a presença do entrevistador.

Deve-se frisar que, se a devolução do questionário depende do entrevistado, quer pelo correio ou outra forma, como as pesquisas via internet, uma grande parcela não será devolvida. Se o trabalho foi feito por amostragem, este fato poderá ser um complicador a mais. Caso o objetivo envolva respostas de pessoas de baixo nível cultural, a pesquisa poderá ficar seriamente comprometida.

Para contornar determinados tipos de problemas inerentes aos questionários, pode-se utilizar a entrevista, ou seja, a presença de alguém (entrevistador) para dirimir dúvidas que eventualmente possam surgir.

Existem várias formas de se fazer uma entrevista. Nos países mais desenvolvidos, nos quais a maioria das famílias possui telefone fixo ou celular e internet, o trabalho pode ser feito por meio deles.

Um melhor resultado na pesquisa pode ser obtido mediante a utilização de um entrevistador. Este terá condições de dar ao entrevistado a segurança necessária para expressar o seu real sentimento a respeito do assunto em discussão.

Inicialmente, o entrevistador deve identificar-se como pessoa autorizada para a execução da entrevista, mediante a apresentação de suas credenciais. Deve o entrevistador, de forma rápida, expor ao entrevistado o porquê do trabalho.

O entrevistador deve ter pleno conhecimento do trabalho a ser executado, assim como um perfeito domínio do conteúdo do questionário, para eliminar eventuais dúvidas que possam surgir no momento da entrevista. É importante, também, o pesquisador evitar fugir do assunto em questão.

O sucesso do trabalho dependerá também da qualidade, ou seja, do conteúdo do questionário, assim como da clareza e objetividade das perguntas a serem respondidas.

Quanto ao registro das informações obtidas, além da fidelidade, o entrevistador deve ponderar a maneira de expressá-las, ou seja, se a resposta foi dada com ênfase, com dúvida ou de forma jocosa, interpretando este pormenor no seu relatório final.

Questionário

Tão importante quanto as qualificações necessárias a um bom entrevistador é a elaboração de um questionário que atenda perfeitamente aos objetivos do trabalho.

Algumas identificações sobre o informante, tais como idade, nível de cultura, religião, comportamento social, nível de renda, profissão, entre outros, são importantes para o seu enquadramento no objetivo proposto. Se o objetivo do trabalho é o estudo do comportamento de pessoas de 20 a 40 anos, qualquer elemento fora dessa faixa será devidamente excluído.

Após a elaboração desta parte do questionário serão introduzidas as perguntas efetivamente relacionadas ao objetivo da pesquisa. Elas podem ser abertas ou fechadas. A pergunta aberta ocorre quando o informante tem a liberdade de dar a sua opinião sobre a pergunta em questão:

Exemplo:
Qual a sua opinião sobre a política de preços do governo?
R: _____

A pergunta é fechada quando o informante tem respostas predeterminadas para fazer a sua escolha.

Na sua opinião, a política de preços do governo é:
( ) Boa   ( ) Má   ( ) Péssima   ( ) Não tem opinião

Nas perguntas abertas, a responsabilidade do entrevistador é fundamental, porque é preciso evitar anotações segundo a sua conveniência que distorçam a resposta do informante e comprometam o resultado final.

Nas grandes pesquisas, que envolvem uma gama enorme de recursos materiais e humanos, e cujo resultado será de grande importância na tomada de decisões – como, por exemplo, projetos de investimentos na área governamental, tais como saúde e educação, que envolvem interesses sociais de grande magnitude –, é necessário que se faça um teste do questionário para saber se ele vai atender ou não os objetivos, mediante sua aplicação em uma determinada amostra.

Sempre que possível os questionários devem ser testados, para verificar se atendem ou não às expectativas.

Exemplo de questionário

Exemplo de questionário que tem por objetivo determinar o perfil socioeconômico dos alunos de uma determinada instituição de ensino.

Este questionário tem por objetivo responder às seguintes perguntas:

a) A que estrato socioeconômico pertence o aluno?
b) Existem diferenças significativas quanto ao período e ao curso?
c) Qual é a distribuição dos alunos por sexo, estado conjugal e relação por curso e período?
d) Qual é a origem escolar dos alunos?
e) Qual a situação profissional dos alunos?
f) Qual é a forma de participação sociopolítica dos alunos?
g) Que tipo de atividades socioculturais e esportivas são mais exercidas pelos alunos?
h) Quais são as fontes de informação utilizadas pelos alunos?
i) Qual o raio de atração que a Instituição exerce em relação à região?
j) Qual a porcentagem de desistência-repetência por curso?
k) Qual o nível de participação dos alunos em atividades extracurriculares?
l) Quais são os interesses e as expectativas dos alunos em relação ao curso?

O trabalho pode ser executado mediante um levantamento de todo o universo, ou seja, a totalidade de alunos ou por amostragem. Nesse caso, devem-se utilizar as técnicas normalmente utilizadas para a determinação da amostra, conforme apresentado no Capítulo 6, que trata da formulação da amostra.

Estrutura do questionário

QUESTIONÁRIO PERFIL DO ALUNO

1. IDENTIFICAÇÃO   SEXO   Masc. ☐   Fem. ☐

1.1. Curso:_____
1.2. Série
1.2.1. 1º_____ ( )
1.2.2. 2º_____ ( )
1.2.3. 3º_____ ( )
1.2.4. 4º_____ ( )
1.2.5. 5º_____ ( )

1.3. Período
1.3.1. Diurno_____ ( )
1.3.2. Noturno_____ ( )

1.4. Idade
1.4.1. Até 18 anos incompletos_____ ( )
1.4.2. De 18 anos completos a 20 anos incompletos_____ ( )
1.4.3. De 20 anos completos a 25 anos incompletos_____ ( )
1.4.4. De 25 anos completos a 30 anos incompletos_____ ( )
1.4.5. De 30 anos em diante_____ ( )

1.5. Qual é seu estado conjugal?
1.5.1. Solteiro(a)_____ ( )
1.5.2. Viúvo(a)_____ ( )
1.5.3. Separado(a)_____ ( )

1.5.4. Desquitado(a)_____ ( )
1.5.5. Divorciado(a)_____ ( )
1.5.6. Casado(a)_____ ( )
1.5.7. Amigo(a)_____ ( )

1.6. Qual é a sua religião?
1.6.1. Católica_____ ( )
1.6.2. Protestante_____ ( )
1.6.3. Espírita_____ ( )
1.6.4. Nenhuma_____ ( )

1.7. Bairro onde reside
1.7.1. Bairro A_____ ( )
1.7.2. Outros? Qual? _____

1.8. Se residir fora do bairro, qual o meio de transporte utilizado para vir à faculdade?
1.8.1. Ônibus comum_____ ( )
1.8.2. Ônibus escolar_____ ( )
1.8.3. Condução própria, sozinho_____ ( )
1.8.4. Condução própria, com colegas_____ ( )
1.8.5. Condução de colegas_____ ( )
1.8.6. Outra. Qual? _____

2. VIDA ESCOLAR

2.1. Em que tipo de estabelecimento você cursou o ensino médio?
2.1.1. Público_____ ( )
2.1.2. Particular_____ ( )
2.1.3. Público e particular_____ ( )
2.1.4. Nenhuma das alternativas anteriores_____ ( )
(como SENAI, Liceu de Artes e outros)

2.2. Que curso do ensino médio você concluiu?
2.2.1. Técnico_____ ( )

2.2.2. Magistério_____ ( )
2.2.3. Ensino médio completo_____ ( )
2.2.4. Supletivo_____ ( )
2.2.5. Outro_____ ( )

2.3. Em que período você cursou o ensino médio?
2.3.1. Somente diurno_____ ( )
2.3.2. Somente noturno_____ ( )
2.3.3. Parte diurno e parte noturno_____ ( )
2.3.4. Integral_____ ( )

2.4. Você, durante o ensino médio, fez algum curso paralelo (como inglês, computação, judô, balé ou qualquer outro semelhante) com duração superior a seis meses?
2.4.1. Sim_____ ( )
2.4.2. Não_____ ( )
2.4.3. Se sim, qual(is)?_____

2.5. Você: a) já fez; b) iniciou e não terminou; ou c) vem fazendo algum outro curso superior (indique todas as opções que sejam necessárias para caracterizar sua situação):
2.5.1. Não (estou cursando esta, como minha primeira faculdade) _____ ( )
2.5.2. Iniciei e não conclui_____ ( )
2.5.3. Venho cursando_____ ( )
2.5.4. Terminei_____ ( )
2.5.5. Qual(is) é(são) o(s) curso(s)?_____

3. SITUAÇÃO SOCIOECONÔMICA

3.1. Na sua casa há:
3.1.1. Aparelho de DVD/CD_____ ( )
3.1.2. Máquina de lavar roupa_____ ( )
3.1.3. Geladeira_____ ( )
3.1.4. Aspirador de pó_____ ( )

3.1.5. Computador_____( )
3.1.6. Acesso à internet_____( )
3.1.7. TV_____( )

3.2. Quantos dos itens a seguir existem em sua casa?

	Não tem	1	2	3	4	5	6 ou +
Empregadas domésticas mensalistas	( )	( )	( )	( )	( )	( )	( )
Carros	( )	( )	( )	( )	( )	( )	( )
TV	( )	( )	( )	( )	( )	( )	( )
Banheiros	( )	( )	( )	( )	( )	( )	( )
Rádios	( )	( )	( )	( )	( )	( )	( )
Computadores	( )	( )	( )	( )	( )	( )	( )

3.3. Assinale, no quadro a seguir, a renda total líquida de sua família e o rendimento mensal pessoal (apresente a estimativa mais próxima da realidade).
Obs: Entende-se por renda total a soma dos rendimentos de todos os membros de sua família, inclusive o seu, e por renda pessoal apenas o seu rendimento. Caso você não tenha rendimento algum, assinale apenas a Renda familiar (em milhares de reais).

Renda pessoal   Renda familiar
3.3.1. ( ) menor que 100_____( )
3.3.2. ( ) de 101 a 300_____( )
3.3.3. ( ) de 301 a 500_____( )
3.3.4. ( ) de 501 a 1.000_____( )
3.3.5. ( ) de 1.001 a 1.500_____( )

3.4. Você exerce alguma atividade remunerada?
3.4.1. Ainda não_____ ( )
3.4.2. Não, atualmente desempregado_____ ( )
3.4.3. Sim, em tempo parcial (até 30 horas semanais)_____ ( )
3.4.4. Sim, em tempo integral (mais de 30 horas semanais)_____ ( )
3.4.5. Sim, mas se trata de trabalho eventual_____ ( )
Obs: Se respondeu não, passe para a questão 3.8.

3.5. Qual a sua participação na vida econômica da família?
3.5.1. Trabalha, mas recebe ajuda financeira da família ou outras pessoas___ ( )
3.5.2. Trabalha e é responsável pelo próprio sustento, e não recebe ajuda financeira _____ ( )
3.5.3. Trabalha, é responsável pelo seu sustento e contribui parcialmente para o sustento da família ou de outra pessoa_____ ( )
3.5.4. Trabalha e é o principal responsável pelo sustento da família_____ ( )

3.6. Qual a sua situação no trabalho?
3.6.1. Empregado sem registro em carteira profissional_____ ( )
3.6.2. Empregado ocasional_____ ( )
3.6.3. Funcionário de empresa privada_____ ( )
3.6.4. Funcionário público_____ ( )
3.6.5. Sócio ou proprietário exclusivo_____ ( )
3.6.6. Autônomo_____ ( )
3.6.7. Outra situação. Qual?_____

3.7. Qual o ramo de atividade econômica em que você trabalha?
3.7.1. Agricultura_____ ( )
3.7.2. Indústria_____ ( )
3.7.3. Comércio_____ ( )
3.7.4. Área financeira (bancos, corretoras, seguros, outros)_____ ( )
3.7.5. Educação_____ ( )
3.7.6. Transporte_____ ( )
3.7.7. Comunicação_____ ( )
3.7.8. Saúde_____ ( )
3.7.9. Outros. Qual ?_____

3.8. Qual o nível de instrução de seus pais?

Pai   Mãe
( ) Não frequentou escola_____ ( )
( ) Ensino básico incompleto_____ ( )
( ) Ensino básico completo_____ ( )
( ) Ensino fundamental incompleto_____ ( )
( ) Ensino fundamental completo_____ ( )
( ) Ensino médio incompleto_____ ( )
( ) Ensino médio completo_____ ( )
( ) Superior incompleto_____ ( )
( ) Superior completo_____ ( )

4. ASSOCIATIVA

4.1. Qual é o tipo de atividade da qual você mais participa?
4.1.1. Artística e cultural_____ ( )
4.1.2. Religiosa_____ ( )
4.1.3. Político-partidária_____ ( )
4.1.4. Esportiva_____ ( )
4.1.5. Sociais (clubes, festas, encontros informais, outros)_____ ( )
4.1.6. Outra_____ ( )
4.1.7. Nenhuma_____ ( )

4.2. Assinale o meio utilizado e a frequência com que você se mantém informado(a). (Você lê ou assiste.)

	Ocasionalmente	Semanalmente	Diariamente
4.2.1. Jornal impresso	( )	( )	( )
4.2.2. Telejornal	( )	( )	( )
4.2.3. Rádio	( )	( )	( )
4.2.4. Revistas	( )	( )	( )
4.2.5. Internet			
4.2.6. Outras fontes	( )	( )	( )

4.3. Você pratica esportes?
4.3.1. Sim_____ ( )
4.3.2. Não_____ ( )
4.3.3. Se sim, qual(is)?_____

4.4. Com qual das atividades de lazer a seguir citadas você ocupa mais tempo? (indique três em ordem de preferência, enumerando 1ª, 2ª e 3ª)
4.4.1. TV_____ ( )
4.4.2. Cinema_____ ( )
4.4.3. Música_____ ( )
4.4.4. Teatro_____ ( )
4.4.5. Artesanato_____ ( )
4.4.6. Leitura_____ ( )
4.4.7. Artes plásticas_____ ( )
4.4.8. Dança_____ ( )
4.4.9. Nenhuma destas_____ ( )
4.4.10. Outra(s). Qual(is)?_____

4.5. Assinale, no quadro a seguir, a sua forma de participação nas seguintes organizações:

	Não participa	Associado, mas não participa	Participa eventualmente	Participa ativamente	Dirigente
Sindicato	( )	( )	( )	( )	( )
Sociedade amigos de bairro	( )	( )	( )	( )	( )
Movimentos filantrópicos	( )	( )	( )	( )	( )
Partidos políticos	( )	( )	( )	( )	( )
Organização religiosa	( )	( )	( )	( )	( )

5. GRAU DE SATISFAÇÃO EM RELAÇÃO AO CURSO

5.1. Qual o fator principal que o levou a escolher o curso que está fazendo? (escolha um só)
5.1.1. Sempre gostei_____ ( )
5.1.2. Aptidão pessoal para as disciplinas fundamentais do curso_____ ( )
5.1.3. Conversas com colegas_____ ( )
5.1.4. Informações obtidas pelos meios de comunicação_____ ( )
5.1.5. Influência da família_____ ( )
5.1.6. Resultados de teste vocacional_____ ( )

Responda apenas se residir fora do bairro
5.2. Qual o motivo que o levou a escolher esta instituição?
5.2.1. É a mais próxima do local de residência e/ou trabalho_____ ( )
5.2.2. O curso que me interessa é dado pela instituição_____ ( )
5.2.3. Interesse pelo curso e proximidade geográfica_____ ( )
5.2.4. Falta de recursos financeiros para estudar em outro bairro____ ( )
5.2.5. Falta de recursos financeiros para fazer outro curso_____ ( )
5.2.6. Nível de ensino melhor do que das outras instituições da região___ ( )
5.2.7. Maior facilidade de ingresso_____ ( )
5.2.8. Indicação de professores do segundo grau_____ ( )
5.2.9. Outro. Qual?_____

A classificação socioeconômica dos alunos será feita mediante a utilização dos critérios de classificação estabelecidos pela Abipeme (Associação Brasileira de Institutos de Pesquisa de Mercado), em conjunto com a ABA (Associação Brasileira de Anunciantes). As atualizações nos dados de pesquisa têm sofrido alterações em função de mudanças nos ambientes econômico e político, permitindo acesso aos mais variados bens.

Escolaridade do chefe da família	Número de pontos
Analfabeto/Ensino básico incompleto	0
Ensino básico completo/Ensino fundamental incompleto	1
Ensino fundamental completo/Ensino médio incompleto	3
Ensino médio completo/Superior incompleto	5
Superior completo	10

Itens de posse	Não tem	1	2	3	4	5	6 Ou +
TV	0	2	4	6	8	10	12
Rádio	0	1	2	3	4	5	6
Banheiro	0	2	4	6	8	10	12
Automóvel	0	4	8	12	16	16	16
Empregada mensalista	0	6	12	18	24	24	24
Aspirador de pó	0	5	5	5	5	5	5
Máquina de lavar	0	2	2	2	2	2	2

A soma dos pontos obtidos traduz a classificação socioeconômica do entrevistado:

35 ou mais pontos = Classe A
21 a 34 pontos = Classe B
10 a 20 pontos = Classe C
5 a 9 pontos = Classe D
0 a 4 pontos = Classe E

O relatório final será elaborado segundo os objetivos do trabalho, rigorosamente dentro dos critérios da metodologia científica.

Experimentação

A complexidade dos fatos sociais torna muito difícil a sua compreensão, pois, para um efeito, podem existir ao mesmo tempo várias causas.

Para facilitar o entendimento, pode-se admitir como exemplo o aumento da violência nos campos de futebol do Brasil. A violência, que será denominada variável dependente, pode ter, segundo os estudiosos do assunto, várias causas, tais como: frustração social, pobreza, grupos organizados, entre outros; estas causas serão denominadas variáveis independentes.

A experimentação em Sociologia realiza-se mediante a separação de uma das variáveis independentes – a pobreza, por exemplo – e sobre ela atua-se para verificar as variações da variável dependente, denominada violência.

As autoridades, partindo da hipótese de que a organização dessas torcidas em grupos, denominadas torcidas organizadas, é uma das variáveis mais importantes no surgimento ou no aumento da violência, concluem que a extinção de tais torcidas deverá determinar uma elevada redução na violência.

É o que se denomina efetivamente experimento em Sociologia: verificar ou não a validade da hipótese de trabalho estabelecida. Se a violência persistir, outras variáveis deverão ser testadas até que se obtenha sua confirmação ou se estabeleçam novas hipóteses.

Estatística

É um instrumental de grande valia e muito utilizado nas pesquisas na área social. Sabe-se que é impossível conceber estudos envolvendo todo o universo, daí a necessidade de se estabelecerem amostras, o que se faz utilizando-se técnicas estatísticas.

É impossível, também, chegar-se a qualquer avaliação sociológica sem que os fatos sejam devidamente quantificados. Ressalte-se que esta quantificação determinada estatisticamente nem sempre é confirmada quando, a partir da amostra, generaliza-se para o universo, pois esta amostra nada mais reflete do que uma probabilidade de ocorrência ou não.

4.4 Pesquisa em História

O indivíduo que se proponha a fazer uma pesquisa no campo da História deve ter em mente o objeto dessa ciência. Jasper (1930, p. 352) considera que "o objeto da História é o estudo dos principais acontecimentos que constituem a vida política, econômica, intelectual e moral de um povo, de uma época ou de uma humanidade inteira".

É importante, também, que o pesquisador tenha sempre em mente as outras ciências necessárias para o estudo da História, como é o caso da Geografia.

O primeiro grande momento na vida daquele que pretende desenvolver um trabalho de pesquisa é a definição do assunto. Em se tratando de um historiador com uma boa formação acadêmica, várias ideias tendem a surgir. Outras vezes, é a própria vivência em determinados ambientes ou áreas que o leva a se interessar por fatos e acontecimentos importantes, a fim de encontrar explicações ou soluções para determinados problemas – por exemplo, um estudo para explicar a importância da escravatura no processo de acumulação de capitais no Brasil.

Definida a ideia inicial, o pesquisador deve fazer uma pesquisa preliminar para definir os caminhos a serem seguidos, ficando perfeitamente definido o objeto da pesquisa, ou seja, o porquê do trabalho.

Faz-se, na sequência, a formulação do problema, ou seja, quais são as questões fundamentais a serem respondidas sobre o objeto.

Em seguida, devem-se estabelecer hipóteses de trabalho, a partir das quais o pesquisador deve formular prováveis soluções para os problemas. É importante ressaltar que as hipóteses utilizadas na pesquisa podem ou não se confirmar.

Feita a pesquisa bibliográfica e estabelecido o roteiro, mediante a elaboração da ideia inicial, da formulação do problema, das hipóteses e de um sumário ou pré-índice, que nada mais é do que um roteiro a ser seguido no desenvolvimento do trabalho, o próximo passo é o trabalho de campo desenvolvido especificamente no local da história, utilizando-se métodos e instrumentos específicos.

O primeiro procedimento é ouvir o testemunho de pessoas que de alguma forma possam acrescentar algo ao trabalho desenvolvido. É evidente que isso nem sempre é possível, mas nunca deve ser descartada essa possibilidade. É importante que o pesquisador tenha espírito crítico e seja obstinado no sentido de obter a verdade, confrontando afirmações com a realidade material existente. O testemunho pode ser obtido, também, de forma escrita em documentos e em outras formas de registro.

É de suma importância o pesquisador saber separar o essencial do acessório, o verdadeiro do falso, conforme já exposto no Capítulo 1.

O pesquisador tem hoje à sua disposição uma parafernália tecnológica que permite conhecer a autenticidade, a idade dos vários materiais; utilizando computadores, ele pode chegar a um todo a partir de partes encontradas.

4.5 Pesquisa nas ciências físico-químicas e biológicas

Como o objetivo é apresentar a metodologia utilizada, estas áreas do conhecimento humano foram devidamente agrupadas, pois são ciências que partem do particular para o geral; por isso, o seu método é o indutivo e a posteriori.

A partir da definição do objeto da pesquisa, o primeiro passo é a observação do objeto, ou seja, a aplicação dos sentidos para se ter um conhecimento claro e preciso a seu respeito. A observação, sendo o ponto de partida da pesquisa, é de fundamental importância, pois tudo será desenvolvido a partir dela. Quando uma observação não corresponde à efetiva realidade, o trabalho será desenvolvido sobre bases falsas.

Para uma boa observação, o observador deve preencher bons requisitos de ordem física, intelectual e moral. E, também, utilizar-se de todo instrumental que lhe permita alcançar maior profundidade nas observações, como o telescópio, microscópio, computador, entre outros.

Feita a observação, o pesquisador vai estabelecer hipóteses de trabalho – prováveis soluções para o problema proposto. Estas hipóteses podem surgir a priori, quando ocorrem por dedução de uma lei já conhecida e podem surgir, também, de experiências já realizadas a posteriori, sendo, neste caso, indutivas.

É a experimentação, ou experiência, que provoca artificialmente a aparição dos fenômenos em certas circunstâncias determinadas, de acordo com a hipótese a ser verificada. É pela experimentação que se conclui a validade ou não das hipóteses de trabalho estabelecidas.

A partir da experimentação e confirmação da hipótese, parte-se desta situação particular para a generalização, que é o processo indutivo.

É importante frisar que a validade da indução na formulação de leis tem sido discutida por muitos autores, pois, para eles, trata-se de mera probabilidade.

4.6 Pesquisa nas ciências econômicas

É evidente, como já foi demonstrado, que a metodologia científica a ser utilizada deve ajustar-se ao objeto da ciência. Sabe-se que o objeto da ciência econômica resume-se a: primeiro, quais os produtos a serem produzidos; em uma economia de mercado, isso é determinado pelo consumidor, na economia centralmente planificada, é determinado por estudos efetuados pelos vários especialistas.

Segundo, como produzir, ou seja, qual é a melhor combinação dos fatores de produção, segundo o potencial existente em determinada economia? Deve-se decidir qual a participação do capital e do trabalho no processo produtivo, assim como o nível de tecnologia a ser utilizado.

Terceiro, para quem produzir, ou melhor, qual o destino a ser dado à produção? Se a preferência é o consumo, ou se há a necessidade de maior capitalização da economia, então a prioridade será a maior produção de bens de capital. Isso ocorre quando o objetivo maior é capitalizar a economia em detrimento do consumo e do bem-estar no momento.

O objetivo da ciência econômica, pode-se concluir, é o bem-estar social, partindo-se da premissa de que os desejos da sociedade superam sempre os recursos disponíveis.

Como o pesquisador em economia trabalha sempre com um universo muito grande, precisa fazer os seus estudos utilizando a técnica da amostragem. Por exemplo, um levantamento quanto à escassez de habitações ou quanto às necessidades na área de saúde envolve um universo extenso e, portanto, exige a utilização de uma amostra.

Um levantamento total do universo implicaria em custos tão elevados que poderia inviabilizar a maioria dos projetos. É importante frisar que a utilização da amostragem permite que haja mais rapidez no desenvolvimento do trabalho.

O Instituto Brasileiro de Geografia e Estatística (IBGE) desenvolve um trabalho denominado Pesquisa Nacional por Amostra de Domicílios (PNAD), na qual a amostra equivale a cerca de 1% do total de domicílios pesquisados no Estado de São Paulo.

Para que não haja nenhum prejuízo no trabalho desenvolvido, é importante ressaltar, mais uma vez, que a amostra deve ser determinada cientificamente, de modo que, efetivamente, expresse o universo a ser analisado, como será discutido no Capítulo 6.

Sendo utilizado na ciência econômica o processo indutivo, ou seja, a generalização de situações particulares (amostra), qualquer erro na determinação dessa amostra poderá invalidar todo o trabalho.

Determinada a amostra cientificamente, é importante que a coleta dos dados, por meio de questionários e entrevistas ou mediante levantamentos bibliográficos, seja controlada com rigor, pois tão importante quanto a determinação da amostra é a coleta dos dados; ambas servirão de base para as inferências a serem efetuadas.

A imparcialidade na interpretação dos dados, deixando-se de lado a subjetividade do pesquisador, também é fundamental. O relatório final da pesquisa deve ater-se, exclusivamente, às informações obtidas, tabuladas e interpretadas de forma científica.

4.7 Pesquisa nas ciências administrativas e contábeis

Enquanto o trabalho maior dos economistas é o macroeconômico, o administrador tem como preocupação maior a empresa, ou seja, as inter-relações entre os trabalhadores, os produtores, os consumidores e as instituições em geral.

Segundo Chiavenato (1990, p. 10):

> A tarefa da administração é a de interpretar os objetivos propostos pela organização e transformá-los em ação organizacional por meio de planejamento, organização, direção e controle de todos os esforços realizados em todas as áreas e em todos os níveis de organização, a fim de alcançar tais objetivos da maneira mais adequada à situação.

Determinados trabalhos de pesquisas efetuados dentro da empresa muitas vezes podem envolver todo o universo – por exemplo, em um trabalho que pretenda avaliar o nível cultural dos funcionários de uma determinada empresa, é comum a utilização de questionários ou entrevistas junto a esta população. Mas, quando o universo é muito grande, a pesquisa pode ser feita utilizando-se também a técnica de amostragem – por exemplo, o levantamento do potencial de venda de um determinado produto, em um determinado mercado. Neste caso, como o estudo é feito por amostragem, deverá ser utilizado o método indutivo.

Muitas vezes, determinados estudos realizados dentro da empresa não permitem a utilização do universo total, havendo, então, a necessidade de utilizar-se também a técnica da amostragem; por exemplo, pode ser citado o controle de qualidade em uma linha de produção. Também nesse caso a amostra, a coleta e a interpretação dos dados deverão sofrer todo o rigor científico, pois são comuns afirmações sobre determinados assuntos dentro da empresa que nem sempre podem ser provadas cientificamente.

A contabilidade tem como objeto captar, registrar, acumular, resumir e interpretar fenômenos que afetam as situações patrimoniais, financeiras e econômicas de qualquer ente, seja este pessoa física, entidade sem fins lucrativos, empresa ou mesmo pessoa de direito público, tais como: Estado, município, união, autarquias, entre outros. Tem, portanto, um campo de atuação muito amplo.

Capítulo 5

Leitura

A busca do conhecimento tem sido uma constante na história da humanidade. Nos primórdios, quando não havia a difusão da palavra escrita, as informações e os conhecimentos eram transmitidos oralmente. O surgimento da palavra escrita, principalmente após Gutenberg, em 1440, apresenta-se como grande instrumento de propagação do saber.

O surgimento do rádio permitiu um grande avanço na transmissão das informações e o da televisão, acesso às informações e imagens. Hoje, os meios de comunicação deram um grande salto com a utilização da internet.

Apesar de todo o avanço, o rádio continua sendo um grande instrumento na difusão de informações, pois os indivíduos, independentemente das tarefas que estejam executando, recebem as informações nos mais variados pontos do globo terrestre.

Da mesma maneira, o grande avanço no rádio, na televisão, na informática, não tira do livro a sua função maior, que é permitir às pessoas "conversar" com as figuras mais proeminentes da humanidade; assim, em uma simples biblioteca, todos têm à disposição as palavras de Aristóteles, Sócrates, Einstein, sendo possível conversar e buscar com o autor esclarecimentos que serão bases para a reflexão.

É evidente o grande enriquecimento do vocabulário do leitor nos mais variados campos do conhecimento. Ele poderá fazer o confronto das várias ideias expressas pelos mais variados autores, tirando suas próprias conclusões ou submetendo-se a um elenco maior de dúvidas, que o levará a maiores reflexões.

Em qualquer trabalho científico, qualquer que seja o campo do conhecimento humano, será sempre imprescindível uma pesquisa junto ao conhecimento acumulado na quantidade infinita de obras existentes. Sabe-se que todo pesquisador desenvolve o seu trabalho com o objetivo de acrescentar algo ao que já se sabe, daí a necessidade de se adquirir um profundo conhecimento do estágio atual do assunto a ser pesquisado; isso só é possível mediante a consulta de tudo aquilo que foi escrito a respeito.

Esse trabalho – que é o ponto de partida de qualquer pesquisa – é o que se chama pesquisa bibliográfica, consultas aos textos já escritos. É importante o pesquisador não correr o risco de procurar o que já foi encontrado por outro.

5.1 Objeto da leitura

No mundo moderno é necessário que os indivíduos estejam sempre bem informados, daí a necessidade da leitura de periódicos, tais como jornais e revistas que, na verdade, nada acrescentam ao leitor, pois leitor e texto encontram-se no mesmo nível de entendimento; procura-se apenas uma mera atualização quanto ao momento vivido.

Muitas vezes, estas informações são recebidas pelo leitor por meio de símbolos, como é o caso de:

A importância do símbolo é que ele é universal, ou seja, qualquer que seja a origem ou a língua falada pelo indivíduo, ele conhece o significado: "Proibido fumar". Essa leitura é aquela que tem por objetivo informar; apenas mostra a situação existente, tal como ela é.

Muitas vezes o objetivo do leitor é simplesmente manter-se ocupado, lendo textos sem qualquer compromisso, enquanto ao pesquisador a leitura tem sempre como objetivo a descoberta, o acréscimo de saber, a busca pelo esclarecimento de dúvidas existentes. É essa leitura que será o objeto deste trabalho.

É importante ressaltar que o leitor deve alegrar-se e não entristecer-se quando encontra dificuldades para o perfeito entendimento do livro, pois isso vai acrescentar algo mais; é muito provável que o leitor tenha de recorrer a um professor ou a outros livros, como enciclopédias e dicionários, para conseguir chegar até onde o autor pretende.

A leitura muito fácil e cômoda pode, na verdade, ser uma grande perda de tempo. Essa leitura, que tem como objetivo o aprendizado, vai exigir um trabalho muito intenso em torno do livro e impor ao leitor muita acuidade de observação, muita imaginação, análise e reflexão.

Aprender lendo é exigir do livro a função de professor.

5.2 Tipos de leitura

Não cabe aqui a discussão quanto à leitura elementar, ou seja, o aprendizado inicial, a alfabetização propriamente dita. Parte-se do pressuposto de que o leitor já passou por todos os estágios elementares, já é detentor de um bom vocabulário e consegue relacionar textos de vários autores.

Leitura seletiva

Como todo pesquisador trava uma luta contra o tempo, é importante que ele saiba separar o que deve e o que não deve ser lido em função da proposta de trabalho.

Nessa fase, o leitor ainda não sabe se o livro merece efetivamente uma leitura analítica, ou seja, uma leitura mais profunda.

Roteiro a seguir:

- Examinar inicialmente a capa do livro, a partir da qual se obtém título da obra, subtítulos e autores.

- Na quarta capa, a maioria das editoras procura detalhar os objetivos maiores do trabalho, inclusive recomendações, segundo níveis de aplicação, se o livro está destinado ao ensino médio ou superior ou qual é a sua área de interesse. Essas informações muitas vezes são apresentadas na orelha do livro, onde figura também a qualificação do autor da obra.
- Leitura do prefácio ou apresentação: esta leitura dá uma boa ideia do conteúdo da obra, assim como o ponto de vista do autor.
- Sumário ou índice: o conhecimento dos vários títulos que compõem as várias partes ou capítulos da obra dá uma ideia mais consistente de seu conteúdo; muitas vezes o pesquisador encontrará, em um capítulo, aquilo que lhe interessa.
- Índice remissivo: se a obra trouxer um índice remissivo, normalmente no final, o trabalho será facilitado, pois ali se encontram os termos cruciais e relevantes para o entendimento do livro como um todo.
- Leitura superficial: para ter uma ideia geral do conteúdo da obra e dos objetivos maiores do autor, sem ter de, para isso, perder muito tempo, o leitor deverá folhear o livro e ler alguns parágrafos a fim de captar as ideias centrais do trabalho. A leitura da conclusão do trabalho ou das últimas páginas pode dar uma ideia efetiva daquilo que há de mais importante na obra. Isto porque a maioria dos autores costuma, nas últimas páginas, fazer um resumo do conteúdo da obra. Essa leitura rápida permite ao leitor fazer uma catalogação mental do livro.

É importante que o leitor, para ter uma ideia do livro no seu todo, faça uma rápida leitura não se detendo a procurar em dicionários ou enciclopédias o significado de termos desconhecidos, assim como notas de rodapé, pois o leitor, além da ideia do todo, já saberá o que deve ser aprofundado em uma segunda leitura. Conhecer 50% de um livro é melhor do que não conhecer nada. Dependendo do conteúdo e de seu interesse, o leitor ficará muito mais motivado para fazer uma segunda leitura.

Leitor e autor: uma conversa produtiva

A leitura de um livro nada mais é do que uma conversa entre o autor e o leitor; este perguntando e aquele respondendo.

Deve-se frisar que, sendo a leitura muito fácil, ou seja, estando leitor e autor no mesmo nível de conhecimento, nada de produtivo ocorrerá com o leitor.

São as leituras difíceis que realmente acrescentam algo; daí a necessidade de grande reflexão sobre o texto. Como o leitor vai conversar com o autor, é importante que ele esteja munido de um lápis para fazer todas as anotações que considerar importantes, de tal forma que leituras posteriores sejam sumamente simplificadas.

A seguir, algumas regras a serem seguidas no sentido de facilitar este trabalho:

Sublinhar

O leitor deverá sublinhar todas as informações importantes ou convincentes, tendo-se em vista o seu objetivo. Esta anotação pode ser feita em forma de círculo em volta de palavras ou frases chaves.

Linhas verticais na margem

Quando o parágrafo a ser assinalado for longo demais, é comum a utilização de linhas verticais na margem, normalmente colocadas do lado esquerdo da página do livro. São utilizadas também para ressaltar afirmações já sublinhadas.

Asterisco ou outros sinais na margem

A finalidade destas anotações na margem é colocar em evidência as afirmações consideradas importantes para o entendimento do texto.

O leitor não deverá abusar dessas anotações, reservando-as somente para aquilo que for realmente significativo.

Para facilitar a localização dessas anotações, é comum que o leitor use marcadores de página, que podem ser tiras de papel, ou dobras na respectiva página.

Números na margem

Para assinalar uma sequência de afirmações ou proposições, o melhor critério é numerá-las em ordem sequencial, segundo a ordem em que surgem tais afirmações. Pode também ser utilizado o critério de se colocar o número da página na qual os assuntos evidenciados já foram citados ou discutidos. Dessa forma, o leitor poderá fazer o confronto das opiniões do autor.

Outras anotações

A efetiva posse do livro dá-se mediante anotações relativas a dúvidas que surgem na leitura. Estas anotações são efetuadas nos espaços disponíveis para utilização, sendo os mais comuns o espaço junto à margem superior e à margem inferior do livro.

Leitura analítica

Nesse ponto, o leitor já tem uma ideia superficial do conteúdo do livro, motivo pelo qual poderá dar início à leitura mais profunda, denominada analítica. Para ter um aproveitamento mais significativo, ele pode obedecer ao roteiro a seguir:

Inicialmente, deve ser feita uma classificação da obra a ser lida, pois, dependendo desta, a forma de leitura poderá ser mais específica. Existem obras de ficção, tais como romances, epopeias, poemas, que têm como objetivo a transmissão do conhecimento científico. É evidente que o pesquisador procure bases para consubstanciar sua tese, daí a necessidade da classificação das obras que se prestam a isso.

É importante frisar que nem sempre é possível separar uma obra de ficção de outra de não ficção, capaz de servir de base para a sustentação de ideias.

Como exemplo, pode citar-se a obra *Casa-grande & senzala*, do autor Gilberto Freyre; é difícil saber se se trata de um estudo sociológico de uma determinada época ou se, na verdade, é uma obra de ficção.

Existe também a classificação de livros teóricos que dizem respeito ao que deve ser entendido, tais como os livros de História, Sociologia, entre outros, que mostram como são as coisas, ao contrário dos livros práticos que dizem como fazer as coisas. Como exemplo desse último tipo, pode-se citar outra obra destes autores, *Monografia e apresentação de trabalhos científicos*, que tem como objetivo orientar o aluno na elaboração e apresentação de trabalhos científicos.

Captar e apresentar em uma frase, ou em um parágrafo curto, o conteúdo, ou seja, descobrir o tema ou o ponto principal do livro.

Na maioria dos trabalhos científicos, o autor, no prefácio ou apresentação, já traz de forma muito clara e concisa a ideia básica do trabalho, mas é importante que o leitor desenvolva este trabalho.

Os trabalhos, dada a sua complexidade, normalmente são apresentados em várias partes. Cabe ao leitor, a partir do conhecimento das partes e do todo, saber como se harmonizam, ou seja, como o entendimento das partes explica o todo.

Toda obra tem como objetivo esclarecer dúvidas, solucionar problemas e transmitir conhecimentos específicos ou não. Caberá ao leitor descobrir os objetivos do autor, ou seja, os problemas e as respostas.

Cumpridas as etapas anteriores, deve-se partir para a interpretação do conteúdo do trabalho. Nesta fase, é importante que se encontrem as palavras mais significativas no texto, que podem colocar o leitor em consonância com o autor.

É importante entender a palavra no sentido que o autor a emprega, pois um mesmo termo pode ter várias interpretações. Neste caso, o leitor poderá deparar-se com a palavra cultura, que pode ter vários significados, como: cultura de arroz, cultura de fungos, conhecimentos.

A palavra-chave é aquela que o autor procura evidenciar no texto, quer dando explicações adicionais quer destacando-a, mediante a utilização de aspas, negrito, itálico, entre outros.

Nesta fase, como o leitor já conhece os objetivos do autor e a estrutura do texto, não será difícil conhecer as palavras que realmente são importantes para o entendimento mais profundo do texto para posterior elaboração de resumos e fichas. É importante que o sentido de uma palavra seja obtido em função do contexto no qual ela se insere, mesmo depois da consulta a enciclopédias e dicionários. Por exemplo: "Fusão entre Pão de Açúcar e Carrefour cria batalhas" (*Jornal DCI*, p. A1, 1 jul. 2011).

Note que a palavra destacada no exemplo pode assumir diversos significados, mas, dentro do contexto, ela expressa uma disputa entre os atores envolvidos: acionistas, governo, oposicionistas ao governo, ex-ministros e advogados.

Como todo livro pretende responder a alguma pergunta, é importante o leitor conseguir descobrir essas respostas, estes argumentos empregados na elucidação dos problemas. Todo argumento-base vem normalmente acompanhado de um grande número de acessórios. Caberá ao leitor separar o importante do acessório. Isso pode ser feito destacando-se as assertivas e refutações relativas ao problema.

Conhecendo os problemas, ou seja, a proposta de trabalho do autor, assim como as soluções apresentadas, caberá ao leitor verificar se realmente o objetivo foi atingido ou se o foi parcialmente.

Verdadeiro ou falso

Tão importante quanto ler um livro é ter a capacidade e a honestidade de separar o joio do trigo, ou seja, distinguir o verdadeiro e o falso. É importante que o verdadeiro ou falso expresso em uma obra literária seja definido cientificamente, deixando-se de lado preconceitos, sobretudo de ordem ideológica. Mente aberta é condição necessária para uma crítica imparcial.

É importante também o leitor saber diferenciar a opinião pessoal do conhecimento expresso na obra. Como a leitura nada mais é do que uma conversa entre o leitor e o autor, este fica sem condições de responder a críticas ou discordâncias a respeito do conteúdo da obra.

Para concordar ou discordar, é preciso que o leitor tenha entendido o que o autor está apresentando. É comum a crítica, pró ou contra, em função da coincidência do ponto de vista do leitor com o do autor, mesmo sem o completo entendimento do leitor a respeito do assunto. É comum julgar-se verdadeiro ou falso em função da linha de pensamento do leitor e do autor.

O comportamento ético e crítico do leitor é fundamental nos trabalhos científicos; discordar é, porém, fundamental em um trabalho de pesquisa: devem ser respeitados outras ideias e outros pontos de vista. Não se deve esquecer jamais que toda obra envolve sempre um trabalho desgastante, cansativo, além de uma expectativa altamente positiva do autor no sentido de oferecer uma contribuição para o aumento do conhecimento.

A verossimilhança tende a dominar o espírito da multidão, ou seja, as pessoas aceitam mais o que parece verdadeiro do que aquilo que realmente é verdadeiro (Platão, 1994).

Leitura sintópica

Todo trabalho científico tem como ponto de partida o conhecimento prévio do estágio de determinado assunto. Isso significa que o pesquisador deve buscar tudo aquilo que já foi escrito sobre ele; para tanto, é importante que se estabeleça o caminho a seguir:

- Inicialmente, deve organizar-se uma bibliografia sobre o assunto, utilizando catálogos de bibliotecas e bibliografias incluídas nas várias obras.
- Deve ser feita uma leitura seletiva das várias obras, no sentido de se verificar sua utilidade para a execução do trabalho.
- Uniformizar a terminologia usada pelos vários autores para que se possa, efetivamente, interpretá-la. É comum, dependendo da formação dos autores, a utilização dos termos com interpretações diferentes.
- Deve-se formular perguntas, por meio de proposições neutras, que possibilitem a obtenção de respostas. Essas proposições permitirão a obtenção de respostas por interpretação.
- A partir das respostas, as antagônicas ou controversas existentes devem ser confrontadas, não importando se de forma explícita ou não. Caberá ao leitor trabalhar cientificamente ambas as ideias para discernir o verdadeiro do falso.

A ordem da discussão das controvérsias deve partir das mais gerais para as menos, ficando claramente demonstradas as relações entre elas.

A imparcialidade pode ser obtida a partir da interpretação do ponto de vista do autor sobre questões aceitas como verdadeiras no desenvolvimento do texto e que continuam verdadeiras até a conclusão final.

5.3 Organização do resultado da leitura

Após superar os vários tipos de leitura, o pesquisador deverá armazenar essas informações, segundo critérios preestabelecidos. Em se tratando da elaboração de um trabalho científico, sujeito às normas e à legislação pertinente e, o que é mais importante, ter tudo racionalmente à disposição, pois, caso contrário, o pesquisador poderá perder-se em um emaranhado de livros, autores, assuntos, problemas, hipóteses, e outros elementos. Ser organizado pode não ser suficiente, mas é condição necessária para facilitar a execução e a apresentação dos resultados da pesquisa.

Fichamento

O fichamento tem como função colocar à disposição do pesquisador uma série de informações distribuídas em uma gama enorme de obras já consultadas.

Além do fichamento tradicional, que será apresentado na sequência, os programas existentes nos computadores permitem que vários registros sejam elaborados e consultados mais facilmente. Com a evolução dos computadores pessoais, ofertados nas mais variadas formas e aplicações, e das ferramentas de busca e armazenamento disponíveis na internet, o pesquisador pode criar o seu fichamento virtual com metodologia própria ou seguindo a estrutura do fichamento tradicional proposto aqui.

A utilização de fichas permite ao pesquisador coletar todas as informações de obras que não lhe pertencem, podendo esta coleta ser efetuada dentro das próprias bibliotecas em geral. Isso permite que se execute esse trabalho a qualquer momento em qualquer lugar.

Essas fichas, pautadas ou não, devem preencher determinados requisitos, tais como durabilidade e tamanho, segundo as necessidades do pesquisador. Mesmo com o avanço meteórico da internet, essas fichas podem ser encontradas, nas livrarias e papelarias, em várias medidas.

Catalogação das fichas segundo o critério decimal

O trabalho de pesquisa pressupõe um grande número de apontamentos e anotações que serão utilizados na futura elaboração do texto. O pronto acesso a essa grande quantidade de material depende de uma perfeita classificação, considerando-se que esses dados originam-se das mais variadas fontes envolvendo uma grande variedade de assuntos. Comentamos a seguir os critérios adotados na classificação.

- O fichário deve ser elaborado de tal forma que permita a qualquer momento a inclusão de novos assuntos e novas subdivisões, sem que haja necessidade de se refazer o trabalho.
- Os textos devem ser anotados de forma simples, evitando-se denominações ou numerações extensas que absorvam muito tempo na elaboração e identificação para posterior leitura.

- É importante que o fichário possa ser melhorado indefinidamente sem maiores transtornos.

Um critério muito utilizado é a classificação alfabética, que pode ser muito bem utilizada quando se trata de catalogar por autores, mas quando se trata da classificação por assuntos, esta não oferece a clareza necessária, pois muitas ideias afins podem ser classificadas muito distanciadas entre si. Como exemplo, as palavras amor, carinho, simpatia, entre outras.

Criada por Melvil Dewey[1] em 1876, a classificação decimal apresenta as seguintes vantagens:

- Todas as combinações do sistema permitem catalogar dois bilhões de assuntos.
- Esse método é tão eficiente para poucos assuntos como para uma infinidade de assuntos a serem catalogados, motivo pelo qual serve tanto para ordenar bibliotecas quanto para apontamentos.

Quanto maior o número de itens a serem ordenados, maiores são as vantagens desse método, vantagens que decorrem de ele ser:

- Sistemático, ou seja, vai do geral ao particular.
- Completo, pois tem condições de envolver todas as matérias e todo o campo de cada uma delas.
- Detalhado, pois as ideias podem ser apresentadas em todos os graus e generalidades.
- Permite a combinação de ideias e sua classificação sob os vários pontos de vista.
- É suficientemente explícito, embora conciso, apresentando facilidades nas anotações e nas consultas.

---

[1] Essa classificação foi apresentada e aperfeiçoada nos congressos universais de Bruxelas, em 1895 e 1897, por iniciativa do Instituto Internacional de Bibliografia, no qual foram publicadas as tabelas mais completas do método.

- É flexível e expansivo, motivo pelo qual permite a catalogação de mais títulos dentro dos já existentes.
- É válido para todo mundo, pois se utiliza de números que são universalmente conhecidos.

Elaboração

Essa classificação divide todos os campos do saber em dez grupos numerados de zero a nove; cada um deles se divide em outros dez, cada um destes últimos se subdivide também em outros dez, e assim sucessivamente – tudo o que for necessário, partindo-se sempre do geral para o particular, do todo para as partes, do gênero para a espécie.

Na elaboração, toda a matéria e toda a divisão da classificação estão representadas por um número classificador, o qual oferece as vantagens da concisão na denominação, sua internacionalidade, concentração de sinônimos e separação de homônimos.

Os números classificadores se consideram decimais, como se todos fossem precedidos por zero e vírgula, portanto, permanecem invariáveis, qualquer que seja o número de cifras que se colocam à direita. Cada uma destas não é mais que uma subdivisão da precedente.

A série de cifras não indica a importância do objeto, mas sua pormenorização, de modo que a possibilidade de extensão é indefinida sem variação fundamental na classificação. A ordenação se faz do menor para o maior, tendo sempre em conta que os números são considerados decimais.

A essas tabelas principais se unem outras complementares. A título de exemplo, segue a tabela da Classificação Decimal Universal (CDU):

0. CIÊNCIA E CONHECIMENTO, ORGANIZAÇÃO, INFORMÁTICA, INFORMAÇÃO, DOCUMENTAÇÃO

00 Prolegômenos. Fundamentos gerais do conhecimento e da cultura.
01 Bibliografia. Catálogos.
02 Bibliotecas. Biblioteconomia.
03 Enciclopédias gerais. Dicionários. Livros de referência.

04 Coleções de ensaios, separatas, folhetos, opúsculos.
05 Publicações periódicas. Anuários. Calendários. Repertórios de endereços.
06 Organizações em geral.
07 Jornais. Jornalismo.
08 Poligrafias. Trabalhos coletivos.
09 Manuscritos. Obras raras e notáveis.

1. FILOSOFIA, PSICOLOGIA

101 Natureza e âmbito da filosofia
11 Metafísica.
13 Filosofia da mente e do espírito. Metafísica da vida espiritual.
14 Sistemas e pontos de vista filosóficos.
15 Psicologia.
16 Lógica. Teoria do conhecimento. Metodologia.
17 Ética. Moralidade. Filosofia prática.

2. RELIGIÃO/TEOLOGIA

2 - 1/9 Subdivisões auxiliares especiais para a religião
21/29 Sistemas religiosos. Religiões e crenças religiosas.

3. CIÊNCIAS SOCIAIS

30 Sociologia. Questões sociais. Sociografia.
31 Estatística.
32 Política. Ciência política.
33 Economia. Ciência econômica.
34 Direito. Legislação. Jurisprudência.
35 Administração pública. Direito administrativo. Ciência militar. Defesa.
36 Assistência e serviço social. Seguros.
37 Educação. Pedagogia.
38 Comércio. Comunicações.
39 Etnografia. Costumes e tradições. Folclore. Antropologia social ou cultural.

4. FILOLOGIA. LINGUÍSTICA[2]

5. MATEMÁTICA. CIÊNCIAS NATURAIS.

50 Ciência ambiental.
51 Matemática.
52 Astronomia. Geodésia.
53 Física.
54 Química. Cristalografia. Mineralogia.
55 Geologia e ciências da terra. Meteorologia.
56 Paleontologia.
57 Ciências biológicas.
58 Botânica.
59 Zoologia.

6. CIÊNCIAS APLICADAS. MEDICINA. TECNOLOGIA

60 Biotecnologia.
61 Medicina.
62 Engenharia. Tecnologia em geral.
63 Agricultura. Silvicultura. Zootecnia.
64 Ciências domésticas. Economia doméstica.
65 Indústrias da comunicação. Contabilidade.
66 Indústrias químicas. Tecnologia química.
67 Indústrias, artes industriais e profissões diversas.
68 Ofícios, artes e indústrias especializadas, de artigos montados ou acabados.
69 Indústria de construção, materiais, profissões, construções.

7. ARTE. RECREAÇÃO. ENTRETENIMENTO. DESPORTOS

70 Urbanização. Planejamento. Arquitetura paisagística.
71 Planejamento territorial, físico.

---

[2] A classe 4 está atualmente integrada na classe 8.

72 Arquitetura.
73 Artes plásticas.
74 Desenho. Design. Artes e ofícios aplicados.
75 Pintura.
76 Artes gráficas. Gravura.
77 Fotografia e processos similares.
78 Música.
79 Divertimentos. Passatempos. Jogos. Desportos.

8 LINGUÍSTICA. FILOLOGIA

80 Linguística. Filologia.
81 Linguística e línguas.
82 Literatura.

9 GEOGRAFIA. BIOGRAFIA. HISTÓRIA

90 Arqueologia. Pré-história.
91 Geografia, explorações, viagens.
92 Biografia.
93-94 História.

Nada impede que o pesquisador estabeleça seu próprio critério, desde que conserve o substancial, o mais importante do método.

Como se trata de um método de grande utilidade para qualquer volume de informações, é normalmente utilizado nas catalogações de títulos em bibliotecas, mas é por demais útil para qualquer pesquisador que pretende trabalhar de forma racional.

Estrutura das fichas

Para qualquer tipo de trabalho, e independente da modalidade de ficha que se escolha – o pesquisador pode empregar as fichas de citação, resumo, de esboço ou analítica, conforme discussão no capitulo a seguir –, a estrutura da ficha será a seguinte:

Cabeçalho

O cabeçalho é o conjunto de dizeres que encima as colunas e as casas de uma tabela ou de uma página de livro em branco. No fichamento, representa o título para a sua identificação. No cabeçalho deverão constar:

Título genérico:
No fichamento da obra, o título genérico nada mais é do que o título do livro ou do trabalho que está sendo utilizado na pesquisa.

```
┌─────────────────────────────┐
│                             │
│     João Almeira Santos     │
│                             │
│                             │
│       Metodologia           │
│        Científica           │
│                             │
│                             │
│       Editora Cengage       │
│                             │
└─────────────────────────────┘
```

Título próximo:
Nada mais é do que um desdobramento do título genérico, que é encontrado no sumário e se destina ao fichamento.
Exemplo:

Sumário

1. Pesquisas e suas classificações
    1.1. Monografia
            1.1.1. O grande desafio
    1.2. Campos de pesquisa
    1.3. Metodologia da pesquisa

- Título próximo: 1. Pesquisa e suas classificações.

Título específico:
É o desdobramento do título próximo e que será utilizado na pesquisa. É importante ressaltar que poderá não existir tal subdivisão; neste caso, o trabalho envolve apenas o título próximo.

Referência bibliográfica

A referência bibliográfica deve sempre seguir as normas da ABNT (Associação Brasileira de Normas Técnicas). O preenchimento desta ficha é feito com a utilização da ficha catalográfica da obra, constando esta, normalmente, no verso da folha de rosto do livro.

Para a catalogação bibliográfica de revistas e outros periódicos, o pesquisador deve localizá-los, já que estas informações nem sempre obedecem a um padrão. Normalmente, localizam-se estas na primeira página, na capa da revista ou no rodapé das páginas.

Exemplo de ficha catalográfica:

Platão.
Fedro ou da beleza. Tradução e notas de Pinharanda Gomes. Lisboa: Guimarães Editores, 1994

Conteúdo: O discurso de Lísias, Crítica do discurso de Lísias, Primeiro discurso de Sócrates, Segundo discurso de Sócrates, Diálogo sobre retórica.

1. Filosofia de Platão   2. Arte da retórica   3. Arte da dialética.

Então, a referência bibliográfica é:
PLATÃO. *Fedro ou da beleza*. Tradução de Pinharanda Gomes. Lisboa: Guimarães, 1994.

Revista
CONJUNTURA ECONÔMICA. Rio de Janeiro: FGV, 1957 – mensal. ISSN0010-5945.

O pesquisador deve estar atento, pois muitas matérias são assinadas pelo autor, o que deve ser anotado na referência bibliográfica da sua ficha.

Jornal O Estado de S.Paulo
O ESTADO DE S.PAULO. Ano IX, n. 3250, 02 jan. 1996.

Texto

O texto a ser desenvolvido na ficha, que pode ser resumo, citação, crítica, esboço ou bibliográfica, deve obedecer às regras específicas de cada uma.

É importante também que, na ficha, seja registrado onde pode ser encontrada a obra consultada, já que é normal o pesquisador se utilizar de obras das mais diferentes origens.

Deve ser feito um fichamento do livro como um todo e a abertura de fichas secundárias, referentes a capítulos ou partes das obras que serão utilizadas.

5.4 Tipos de fichas

O pesquisador deve utilizar o tipo de ficha que mais se ajuste ao seu objetivo. A seguir, os tipos de fichas:

Ficha de resumo

A diferença entre os vários tipos dê fichas se restringe ao seu texto.

O objetivo maior do resumo é a captação da ideia maior do texto, ou seja, daquilo que o autor considera o ponto central e que será fundamental para o pesquisador.

O pesquisador deve apresentar essa ideia central com suas próprias palavras, evitando observações ou colocações subjetivas. As palavras são do pesquisador que está elaborando o resumo, mas a ideia é do autor, nem mais nem menos. Frise-se que não se trata de transcrever ou citar o texto consultado, pois esse trabalho será desenvolvido em fichas específicas.

Exemplo:
FICHA DE RESUMO

1. Cabeçalho
Título genérico: A natureza e a lógica do capitalismo.
Título próximo: O que é capitalismo?
Título específico: O que é capitalismo?

2. Referência bibliográfica
HEILBRONER, Robert. *A natureza e a lógica do capitalismo*. São Paulo: Ática, 1988.

3. Texto (resumo)
O capitalismo caracteriza-se como uma época singular ou prolongada do Ocidente, desde a ascensão do poder mercantil do século XVII até hoje. O capitalismo apresenta-se também com a roupagem de capitalismo industrial, sociedade pós-industrial e como socialismo democrático.

É a presença de companhias e práticas empresariais que explica o termo capitalismo. Para Marx, o fator que comanda o capitalismo é uma dialética que sustenta sua preponderância por meio de fetichismo que cega o homem, pois ele só enxerga a troca de produtos e não as relações de trabalho e capital.

Há um conflito entre as duas esferas de atuação, ou seja, a esfera privada e a esfera política. Cabe, então, definir o que é função do Estado e o que é função dos agentes privados da economia. O setor privado da economia tende a ampliar cada vez mais a sua esfera de atuação, tornando-se cada vez mais autônomo ou autogovernado.

4. Indicação da obra
Aplicado ao estudo dos sistemas econômicos.

5. Local
O original é encontrado na Biblioteca Pública Rui Barbosa.

Ficha de citação

Nessa ficha será reproduzido, integralmente, todo o conteúdo da obra pelo qual o pesquisador tiver interesse.

Em obediência às normas existentes, devem ser observadas determinadas regras:

- Toda e qualquer citação deve vir entre aspas, pois estas a identificam, uma vez que deve ser respeitada a autoria.
- Para que se possam localizar posteriormente na obra as citações, é importante que, na sequência destas, sejam colocados os números da página. Como o pesquisador está transcrevendo aquilo que é objeto de seu trabalho, a consulta à obra será facilitada quando existirem dúvidas. Estas citações deverão obedecer à ordem sequencial do texto.
- Os erros de grafia deverão ser mantidos para que a citação seja a reprodução fiel do texto. Se houver erro de grafia, o pesquisador deve evidenciá-lo com o termo sic entre parênteses.
- Quando o pesquisador suprimir a parte inicial ou final do texto, deverá colocar no local da supressão reticências no início e no final e, quando for a parte central do parágrafo, colocar reticências entre parênteses (...).
- Quando se tratar da supressão de um ou mais parágrafos, deve-se utilizar uma linha inteira pontilhada.
- A utilização de palavras entre colchetes ocorre quando o pesquisador tem necessidade de complementar o pensamento do autor. As palavras dentro do colchete são do pesquisador e não do autor da obra.
- É comum o pesquisador encontrar na obra citações de outros autores. Neste caso, o pesquisador pode transcrevê-las com aspas simples.

Exemplo:
FICHA DE CITAÇÃO

a) Cabeçalho
Título genérico: O que é inteligência artificial.
Título próximo: A inteligência artificial e a Filosofia.
Título específico: A inteligência artificial e a Filosofia.

b) Referência bibliográfica
TEIXEIRA, João de Fernandes. *O que é inteligência artificial.* São Paulo: Brasiliense, 1990.

c) Texto (citação)
"Para os pesquisadores da inteligência artificial (e que daqui por diante abreviaremos por IA), a mente humana funciona como um programa de computador."[10]

"[O impacto maior da IA foi sobre a filosofia]; criar uma máquina pensante significa desafiar uma velha tradição, que coloca o homem e a sua capacidade racional como algo único e original no universo."[13]

"Descartes (1596-1650), criador da filosofia moderna, argumentou que os autômatos, por mais bem construídos que fossem, jamais se igualariam aos seres humanos em termos de suas habilidades mentais."[18]

"... o modo como estão dispostas as células do nosso cérebro (neurônios), ligadas através de fios nervosos musculares, é semelhante ao circuito elétrico de um computador eletrônico."[24]

"... As operações da máquina de Turnig estabelecem uma correlação precisa entre instruções (*softwares* ou estudos mentais) e estados físicos da máquina (*hardwares* ou estados cerebrais)."[56]

"Uma vitrola toca Bach e Beethoven da mesma maneira que um músico faz. Mas nunca diríamos de uma vitrola que ela o faz intencionalmente."[64]

"O verdadeiro espírito da pesquisa em IA consiste em usar seus métodos para ampliar o conhecimento que temos acerca de nossa própria mente."[73]

d) Indicação da obra
Destina-se a filósofos, linguistas, psicólogos, programadores e cientistas de todo o mundo; pode ser útil também em áreas das Ciências Exatas e Tecnologia.

e) Local
O original é encontrado na Biblioteca Central de São Paulo Mário de Andrade.

Ficha bibliográfica

A elaboração da ficha bibliográfica tem como objetivo identificar o objetivo da obra, os problemas que esta pretende responder e os resultados obtidos, bem como a metodologia utilizada e a sua contribuição para o aumento do conhecimento do assunto abordado.

Devem ser acentuadas as fontes utilizadas no desenvolvimento do texto, tais como: pesquisa de campo feita pelo autor com a aplicação de questionário, entrevista, utilização de dados estatísticos e literatura existente sobre o assunto.

O texto da ficha bibliográfica deve ser o mais breve possível, pois qualquer conhecimento adicional poderá ser obtido nas demais fichas.

Exemplo:

Cabeçalho

Título genérico: Noções de história da Filosofia.

Título próximo: Primeira época da Filosofia.

Título específico: Definição, importância e divisão da história da Filosofia.

Referência bibliográfica

FRANCA, Leonel. *Noções de história da filosofia*. Rio de janeiro: Agir, 1960.

Texto

O presente texto aponta como objetivo principal as questões relativas à história da Filosofia e sua importância para a formação do indivíduo, principalmente os jovens iniciantes nos cursos de Ensino médio ou superior.

Chama a atenção para o perfil intelectual dos grandes pensadores, creditando-lhes as principais influências e reflexões sobre diversas questões no campo do conhecimento, bem como ideias que se tornaram objeto de discussão com o passar dos tempos e trouxeram resultados positivos no campo da Filosofia e na formação de várias outras ciências, já que tal campo estava definido, ou seja, as discussões sobre determinado assunto já possuía vida própria.

O texto está estruturado na classificação dos filósofos em escolas ou correntes, biografia resumida e bibliografia de cada autor, exposição sucinta das suas ideias, crítica sumária e imparcial das suas doutrinas.

Nas indicações bibliográficas foram acrescentadas obras e publicações do período que envolve esta publicação, facilitando na orientação dos leitores e, ao mesmo tempo, favorecendo comparações e reflexões destes escritos com os mais antigos.

Indicação da obra
Para estudantes e pesquisadores iniciantes no estudo da Filosofia.

Local
O original está disponível na Biblioteca Central de São Paulo Mário de Andrade.

Ficha esboço

Nessa ficha, o pesquisador vai fazer as anotações das ideias principais do autor de forma mais detalhada do que a elaborada na ficha de resumo, lendo página por página, ressaltando os principais aspectos com a devida anotação do número da página em uma coluna à esquerda da ficha.

A ficha esboço é importante porque apresenta uma síntese das ideias do autor, página por página, o que facilita consultas posteriores para uma eventual citação em um trabalho a ser elaborado.

Exemplo:
Cabeçalho
Título genérico: História da Filosofia, Psicologia e Lógica.
Título próximo: Lógica.
Título específico: Lógica.

Referência bibliográfica
FONTANA, Dino F. *História da filosofia, psicologia e lógica*. São Paulo: Saraiva, 1969.

Texto (esboço)
363 – A lógica que etimologicamente vem do grego *logiké* e tem o significado juízo, discurso, razão. Por definição é a ciência das leis ideais do pensamento e a arte de aplicá-las corretamente na procura e na demonstração da verdade.

364 – As operações fundamentais do pensamento são:
– ideias: que é a simples representação mental de um objeto.
– juízo: que é o julgamento, quanto ao verdadeiro ou falso.
– raciocínio: estabelece relações entre os juízos para inferir um novo juízo.

Existe a busca da verdade nas coisas, no real e objetivo, por exemplo: o fogo existe e a verdade no entendimento, racional e objetivo. Exemplo: Sei que o fogo existe.

365/6/7 – A lógica divide-se em:
a) lógica formal (menor): que se preocupa com as operações do pensamento, em que se tem a ideia, que é o termo, o juízo, que é a proposição, e o raciocínio, que é o argumento.
b) lógica metodológica (menor): que trata da aplicação das operações do pensamento.

Existem ainda a lógica crítica e a lógica contemporânea, que é pura, transcendental e matemática ou simbólica.

374 – Os princípios da lógica:
a) de identidade: O que é, é. Todo objeto é idêntico a si mesmo. A é igual a A.
b) contradição: A não é não A. Essência da razão.
c) do terceiro excluído: Todo objeto tem que ser A ou não A.
d) da razão suficiente: Kant: Tudo o que existe tem uma razão de ser, causalidade.

Indicação da obra
Aplicado ao estudo da lógica, filosofia e metodologia.

Local
Biblioteca Central de São Paulo Mário de Andrade.

Ficha crítica ou analítica

Como a própria denominação indica, esta ficha tem por função armazenar determinadas informações, principalmente no que tange a trabalhos que exigem uma avaliação mais crítica dos autores que serviram de base para o desenvolvimento da pesquisa.

O pesquisador deverá fazer uma análise crítica das ideias apresentadas pelos vários autores, que servirão de fonte bibliográfica para a elaboração do trabalho.

Ela deve deixar bem clara a importância da obra para o trabalho que está sendo elaborado. Como se sabe, em todo trabalho científico existem obras básicas fundamentais para o desenvolvimento do texto e existem aquelas que complementam, enriquecem o estudo.

A ficha deve fornecer uma interpretação e uma análise crítica do texto com o objetivo de torná-lo mais claro, sobretudo nos pontos em que o entendimento se torna duvidoso. Muitas vezes, determinadas obras carecem de informações, quer qualitativas quer quantitativas, para que se possa efetivamente aceitá-las.

É nesta ficha que se analisa a metodologia utilizada pelo autor no desenvolvimento do texto. Como já perfeitamente desenvolvido no Capítulo 2, que tratou do raciocínio dedutivo e indutivo, é importante saber se a obra está calcada no processo indutivo, ou seja, se o autor, a partir de determinados dados, está generalizando ou se, ao contrário, está particularizando determinadas situações, utilizando o processo dedutivo. É o conhecimento da metodologia utilizada que servirá de base para uma análise crítica mais profunda.

As comparações a serem efetuadas, entre as ideias deste autor e de outros, também são registradas nesta ficha, na qual serão igualmente anotadas eventuais contradições entre vários autores a respeito de uma mesma temática. Principalmente quando se trata de matéria muito controvertida, o pesquisador deverá ter uma base sólida para sustentar suas conclusões. Exemplo:

FICHA CRÍTICA
Cabeçalho
Título genérico: O capitalismo.
Título próximo: O capitalismo.
Título específico: O capitalismo.

Referência bibliográfica
PERROUX, François. *O capitalismo*. Trad. Gerson de Souza. 2. ed. São Paulo: Difusão Europeia do Livro, 1970.

Texto (crítica)

O texto analisa a evolução do capitalismo discutindo suas crises e seus efeitos sociais e políticos. Discute as principais denominações dadas ao capitalismo em função de maior representatividade dos vários setores da economia, apresentando os capitalismos comercial, industrial e financeiro: colocações estas ainda hoje utilizadas.

Discute com profundidade as várias crises do capitalismo, envolvendo nesta análise, ideias de Karl Marx a respeito das contradições do capitalismo que desembocaria em uma alteração profunda das ordens econômica, social e política.

Entre as crises cíclicas evidenciam-se:

a) Subpagamento ao trabalho.
b) Acúmulo crônico de capital, criando as desigualdades sociais que seriam fatores determinantes para uma revolução e o surgimento do socialismo.

Mas conclui o autor que uma economia de mercado, mesmo muito imperfeita, vale mais que um planejamento perfeito.

Indicação da obra

Aplicada ao estudo dos sistemas econômicos, principalmente no que diz respeito ao capitalismo e ao socialismo.

Local
Biblioteca Central Mário de Andrade.

5.5 Resenha ou recensão

A resenha é por definição a apreciação de uma obra literária ou de um texto que tem como objetivo dar uma ideia quanto ao conteúdo deste texto ou obra.

Normalmente, essas resenhas são publicadas em periódicos cujo objetivo é difundir as ideias básicas contidas na obra. É uma forma de se promover junto ao público em geral, determinadas obras que poderiam permanecer despercebidas nas livrarias e bibliotecas.

Para o pesquisador a resenha é de suma importância, pois é a maneira mais fácil e rápida de se promover a seleção das obras que serão utilizadas na sua pesquisa.

A resenha pode ter como objetivo simplesmente apresentar uma síntese do conteúdo da obra, tendo uma função meramente informativa.

O resenhista pode adotar uma posição crítica perante a obra e, neste caso, além da exposição das ideias do autor, fazer uma crítica, comparando-a com as ideias de outros autores e avaliando-a, segundo o estágio de desenvolvimento em que determinado assunto se encontra e também segundo suas convicções. Neste caso, pressupõe-se que o resenhista tenha um profundo conhecimento a respeito do assunto objeto do trabalho. Esta é a denominada resenha crítica.

Algumas qualidades e preocupações necessárias ao resenhista

A priori, é importante que o resenhista tenha se preocupado em fazer uma leitura crítica da obra, ou seja, ter profundo conhecimento das ideias do autor e a sua posição nos contextos acadêmico, social, político, entre outros.

É comum a crítica a determinadas obras sem que antes elas tenham sido examinadas na sua devida profundidade.

O resenhista nunca deve se aventurar em áreas que não domine, o que é muito comum nos periódicos e outras publicações.

É importante também que a sua crítica não sofra distorções em função de ideologias.

O resenhista deve ser, acima de tudo, um cientista na sua plenitude.

Roteiro para a elaboração de uma resenha

Em uma resenha devem constar:

- Referência bibliográfica: todos os dados de uma referência bibliográfica da obra objeto da resenha.

- As qualificações do autor quanto a sua posição no meio científico, principalmente no que diz respeito ao tema abordado. O maior ou menor valor de uma obra está intimamente ligado às credenciais do autor.
- Apresentação do conteúdo da obra. É nessa etapa que serão colocadas as ideias maiores da obra. O resenhista deverá ter grande capacidade de síntese.

Deve ser abordado o nível da obra, ou seja, a que se destina, procurando-se definir o nível de conhecimento necessário para que as ideias do autor possam ser assimiladas.

A resenha deve ser desenvolvida segundo a sequência lógica do texto para possibilitar uma consulta rápida ou esclarecer dúvidas, devem ser mencionados o capítulo e a página.

É importante ressaltar se o trabalho é teórico ou resultante de experimentações, quando apresenta exemplos, tabelas e gráficos devidamente comentados e se a obra tem objetivos didáticos e possui exercícios.

O resenhista deve dar uma ideia completa do conteúdo da obra, inclusive no seu aspecto formal, quanto à apresentação de títulos e subtítulos, se para cada título existe uma introdução e uma conclusão, ou se há apenas uma introdução e uma conclusão geral.

Exemplo:

a) Referência bibliográfica
DE LATIL, Pierre. *O pensamento artificial*. 2. ed. São Paulo: Ibrasa, 1968.

b) O autor é um especialista e divulgador francês no campo da cibernética.

c) O trabalho começa pela definição da cibernética como sendo a ciência que estuda as máquinas automáticas e os seres vivos no que eles têm no sistema autogovernado.

d) Texto
Com o objetivo de estabelecer um paralelismo entre a organização nervosa e os circuitos eletrônicos, apresenta na p. 16, as ideias de Claude Bernard, que diz que

os órgãos nervosos não são outras coisas se não aparelhos de mecânicas e de físicas criados pelo organismo. Estes mecanismos são mais complexos do que os de corpos brutos, mas não diferem deles quanto às leis que regem seus fenômenos. É por isso que podem ser submetidos às novas teorias e estudados pelos mesmos métodos.

Enfatiza, em forma de dúvida, a interfecundação das ciências biológicas e matemáticas.

A ideia da cibernética, ou seja, de animais sintéticos, vem desde os tempos dos gregos. Frisa, também, que a máquina faz nascer em nossa ideia uma nova filosofia.

A reunião periódica de cientistas de várias áreas foi o ponto de partida no sentido de se tentar construir máquinas com capacidade de atuação idêntica à dos seres vivos. As primeiras tentativas na construção de equipamentos servomecânicos, a construção da tartaruga mecânica por Grey Walter, marcaram o início das tentativas mais arrojadas.

O autor discute a noção fundamental do *feedback* (retroalimentação ou retroação) no rádio, nas máquinas térmicas, na economia, nos seres vivos.

Para o autor, os elevados princípios aos quais chegamos corresponderiam ao domínio da metafísica, se só as vias do pensamento nos tivessem conduzido a eles, mas baseados nas funções mecânicas das máquinas desenvolvidas sempre a posteriori, nunca a priori, se impõem com valor absoluto.

Sendo a cibernética uma ponte entre as diversas especializações, é de grande interesse para cientistas das mais variadas áreas.

A obra tem como objetivo dar uma ideia do que é a cibernética, do terreno que ela alcança e das conquistas futuras que se pode conseguir.

5.6 Atualização do conhecimento

O avanço científico tem se caracterizado por sua grande velocidade. Daí a necessidade do cientista de obter conhecimento sobre essas mudanças que ainda não se constituíram em fontes bibliográficas, mas que é termo de suma relevância, fator importante no desenvolvimento do trabalho do pesquisador. Para tanto, deve estar em dia com os eventos programados no seu campo de atuação. A seguir, alguns deles.

Palestra ou conferência

É uma reunião de grupos de pessoas que tem como objetivo a discussão sobre tema científico ou literário.

É importante que o pesquisador, dada a exiguidade de tempo disponível, tenha uma ideia completa do tema a ser discutido, assim como do nível dos participantes, pois o objetivo maior será o acréscimo de conhecimentos.

É evidente que o pesquisador poderá participar como palestrante – de modo a colocar em discussão suas ideias e, para tanto, deve estruturar tecnicamente o discurso a ser proferido – ou como ouvinte – e, neste caso, deve se preparar, estudando o tema para conseguir um bom aproveitamento.

Simpósio

É uma reunião de cientistas ou técnicos que tem por objetivo ventilar vários assuntos relacionados entre si, ou os vários aspectos de um só problema.

É importante o pesquisador estar devidamente preparado para participar dos grupos de trabalho nos quais o assunto a ser discutido seja do interesse de sua pesquisa. O material resultante dessa reunião de cientistas servirá para o pesquisador ter uma nova fonte bibliográfica, não só relativa ao aspecto específico, mas também com o todo discutido.

Elementos que participam de um simpósio

- Moderador: será o coordenador dos participantes do simpósio, fazendo a abertura com a apresentação do tema e dos participantes. Como coordenador, deverá indicar o participante que dará início à discussão.
- Simposistas: são os especialistas no assunto a ser discutido.

Caberá ao moderador a elaboração de um resumo dos debates; se for o caso, poderá transformar o simpósio em discussão com o objetivo de esclarecer dúvidas com a colaboração do auditório.

Dependendo dos objetivos do simpósio, poderá ser permitida a participação do auditório. Essa decisão é previamente estabelecida pelo moderador.

Congresso

É uma reunião ou assembleia solene de pessoas competentes para discutir determinada matéria.

Também neste caso, o pesquisador pode se apresentar para expor suas ideias ou para discutir matéria de seu interesse. Também é importante ter pleno conhecimento da matéria a ser discutida, assim como do nível dos participantes para se ter uma ideia do estágio do assunto em pauta, podendo, desta forma, avaliar as suas ideias.

É importante ter em mente que todo material utilizado no congresso se constitui em excelente fonte bibliográfica dada principalmente a sua atualização.

Seminário

É uma reunião de estudo da qual participam vários especialistas em determinado assunto, com técnica diferente da que se emprega em congressos ou conferências, especialmente caracterizadas por debates, sessão plenária e intercâmbio entre grupos sobre matéria constante de texto escrito.

Como se desenvolvem os trabalhos em um seminário

Os participantes serão divididos em grupos, com o objetivo de discutirem os assuntos propostos.

Nas reuniões denominadas sessões primárias, os assuntos serão discutidos tendo como objetivo a elaboração de um relatório com as conclusões de grupo.

Nas reuniões plenárias, ou seja, aquelas que envolvem todos os participantes do seminário, estas conclusões serão apresentadas.

Outras formas de seminários

Nada impede que um seminário seja desenvolvido de forma mais simples.

O coordenador escolherá vários relatores que terão como função colher as contribuições dos participantes sobre os mais diversos pontos e aspectos do tema em pauta.

Os vários relatórios, apresentando a síntese das várias contribuições, serão levados a uma reunião para leitura e discussão. Nem sempre existe unanimidade quanto às conclusões, motivo pelo qual será feito um confronto com o relatório elaborado pelo coordenador ou por uma autoridade no assunto, com o objetivo de elaborar-se o relatório final.

Esse relatório final deverá ser impresso e trazer as opiniões discordantes, assim como todas as documentações.

Roteiro

A escolha do tema a ser utilizado para o seminário deverá, em primeiro lugar, estar de acordo com o interesse da classe, atender às expectativas em termos de aumento do conhecimento e respeitar as características regionais, bem como estar atento ao nível dos participantes. Deve-se considerar também a acessibilidade às informações necessárias para o desenvolvimento de um trabalho.

Distribuição a todos os participantes (alunos) do texto-objeto do seminário, previamente elaborado pelo coordenador-geral, neste caso, o professor.

Definição dos vários grupos de trabalho, tantos quantos forem necessários. Tendo-se em vista o número de alunos na sala de aula e os vários tópicos do texto.

Cada grupo deverá escolher o seu coordenador, assim como o seu relator, segundo decisão dos participantes.

Caberá ao coordenador-geral atribuir aos vários grupos os assuntos a serem trabalhados.

O coordenador-geral fará uma explanação geral de como os trabalhos deverão ser desenvolvidos, indicando as fontes bibliográficas.

Cada grupo deverá, na primeira fase, interar-se do tema geral e, posteriormente, fixar-se na parte que a ele compete desenvolver.

Cada grupo vai pesquisar e discutir entre si e elaborar um relatório da parte correspondente.

Caberá ao coordenador-geral, o professor, a apresentação desses relatórios por escrito ou oralmente para sejam objeto de discussão por todos os componentes do seminário, ou seja, todos os alunos da sala.

O coordenador-geral deverá indicar um relator geral para que o resultado final se consubstancie em um relatório, que nada mais será do que uma síntese de todos os trabalhos. Não se deve esquecer que as opiniões divergentes também deverão constar do relatório.

Exemplo: Um seminário com alunos do curso de Economia.

1) Tema: Análise do Balanço de Pagamentos do Brasil
– Balanço de pagamentos
A) Balança Comercial:
– exportações;
– importações.
B) Serviços:
– viagens internacionais;
– juros;
(seguem as outras contas).

2) O coordenador-geral distribui um balanço de pagamentos na sua totalidade a todos os participantes (alunos).

3) Atribui a cada um dos grupos um tópico desse balanço:
– Grupo 1: encarregado de trabalhar com o tópico exportações.
– Grupo 2: encarregado de trabalhar com o tópico importações.

E assim sucessivamente.

O relatório final será o resultado dos relatórios parciais elaborados por cada grupo de trabalho e discutidos por todos os participantes (já que todos têm ideia do todo). Essa síntese deverá envolver, inclusive, as opiniões que divergem das conclusões finais.

Seminário em sala de aula

É comum nas escolas a utilização dos seminários, com o objetivo de se promover a discussão de um tema proposto por grupos de trabalho previamente definidos, levar os participantes a uma reflexão mais profunda sobre o tema, permitir a elaboração de um trabalho escrito com as conclusões finais e de se desenvolver no pesquisador a capacidade de executar trabalhos em grupo e aprender, principalmente, a aceitar críticas as suas ideias.

Painel

É um método de apresentar, para discussão, os assuntos controvertidos de grande interesse público. A discussão será feita por um grupo de quatro a cinco especialistas no assunto, os quais debaterão diante do público sob a coordenação de um moderador. Um painel, portanto, será composto de alguns elementos, como o moderador e o painelista.

O moderador tem como função planejar o evento, a abertura e a apresentação dos debatedores, apresentar o assunto a ser debatido, intervir sempre que necessário, tendo em vista o bom andamento dos trabalhos, e evitar que determinado debatedor monopolize a atenção do público. Encerrará a reunião após fazer um resumo dos debates.

O painelista deve conhecer o assunto, objeto da discussão, e observar a técnica da discussão em grupo.

Não deve fugir ao assunto em pauta nem monopolizar a discussão.

Deve saber ouvir, respeitar os demais membros e ter a capacidade de se expressar com clareza e concisão.

Fórum

É um método de trabalho em grupo que envolve um orador especialista em determinado assunto, que fará a sua exposição sem interrupção por parte do auditório. É o público (auditório) quem fará as perguntas que serão respondidas pelo orador, podendo ocorrer, eventualmente, algum debate.

A coordenação dos trabalhos caberá a um moderador, que será responsável pelo bom andamento do evento. Ele deve evitar perguntas não compatíveis com o assunto e que determinados elementos tentem monopolizar a discussão, fazendo, normalmente, perguntas de interesse pessoal.

Em um grande auditório, a presença do moderador se torna mais importante quando os temas forem muito controversos, pois, por exemplo, a discussão de um tema político poderá determinar a separação do auditório em adeptos da direita e da esquerda.

Segundo Mac Burney e Hange (apud Minicucci, 1971, p. 208-28), o fórum tem quatro finalidades principais:

- Permitir ao público maiores informações sobre problemas de seu interesse.
- Proteger o público contra a possibilidade de ser mal orientado por uma apresentação que possa criar impressão errônea, quando esta apresentação não estiver sujeita a perguntas.
- Permitir a apresentação de material que, de outro modo, poderia não ser incluído na discussão.
- Dar ao público a oportunidade de participar, o que constitui em si uma qualidade acima das demais.

Desenvolvendo a criatividade (*brainstorming*)

Entre os vários métodos que têm como objetivo o desenvolvimento da criatividade, o *brainstorming* é uma técnica de trabalho em grupo que tem como objetivo buscar soluções para determinados problemas e o desenvolvimento de novas ideias. Ele permite solução para o problema muitas vezes não pensada pelo pesquisador.

O grupo deve ser composto por no máximo 12 membros, pois a experiência tem demonstrado ser este número o ideal. Deve ser composto de um chefe, um chefe associado, cinco membros e outros cinco convidados.

O grupo nunca deve ser composto pelos mesmos elementos, para não se correr o risco de que estes atuem metodicamente.

Funcionamento

O chefe do grupo ou os próprios elementos propõem um problema. Cada elemento apresenta uma ideia de cada vez para solucioná-lo, que será anotada por um secretário. Na sequência, são verificadas a validade e as condições de execução de todas as ideias.

É importante não descartar a priori qualquer ideia; quanto maior a quantidade de ideias, mais fácil será encontrar a ideal. Deve-se levar em conta as possíveis combinações de ideias, assim como o aprimoramento de uma ideia mediante a sugestão de outros participantes.

Está cientificamente demonstrado que 12 cabeças funcionam melhor do que uma, ou seja, que a possibilidade de se obter uma boa solução ou de se dar uma ideia a respeito de um determinado assunto é a utilização de grupos pensantes.

Capítulo 6

A estatística e o trabalho científico

Todo trabalho científico precisa, acima de tudo, ter qualidade e exatidão para provar a tese proposta e facilitar o entendimento para que outros pesquisadores, mesmo de outras áreas, possam utilizá-lo.

É inegável e crescente a complexidade dos fenômenos com os quais o pesquisador (cientista) se defronta. O avanço científico, cada vez mais acelerado e difuso, coloca à disposição do cientista uma enorme gama de informações que, se não forem expostas de maneira clara e precisa, ao invés de facilitar, pode dificultar e prejudicar a sua utilização.

A estatística é um dos principais instrumentos não só de apresentação de resultados, mas principalmente de sua coleta e processamento.

A estatística descritiva, que tem por objeto a apresentação dos fenômenos, vai possibilitar ao pesquisador uma grande quantidade de informações, além de permitir reflexões e formulações de hipóteses de trabalho.

As apresentações de dados em tabelas ou quadros são denominadas séries estatísticas, que podem ser estáticas quando mostram uma determinada situação em um determinado momento, podendo ser comparadas a uma foto da situação. Veja exemplos a seguir:

Tabela 6.1 – População economicamente ativa – 2009

Região	Participação	Percentual
Norte	7.301.678	7,4
Nordeste	25.771.677	26,0
Sudeste	42.784.305	43,3
Sul	15.703.720	15,9
Centro-oeste	7.284.189	7,4
Brasil	98.845.569	100

Fonte: DIEESE, 2009.

Também podem ser dinâmicas quando dizem respeito a intervalos de tempo e expressam a evolução dos fenômenos ou a distribuição de um carácter que pode ser quantitativo ou qualitativo. Exemplo:

Tabela 6.2 – População economicamente ativa – 1990 e 2009

Região	População 1990	População 2009
Norte	1.983.422	7.301.678
Nordeste	17.231.677	25.771.677
Sudeste	29.601.295	42.784.305
Sul	11.043.014	15.703.720
Centro-oeste	4.608.573	7.284.189
Brasil	64.467.981	98.845.569

Fonte: Elaborada pelo autor com dados do DIEESE 1990 e 2009.

A apresentação é quantitativa quando os dados são apresentados por números; por exemplo, a receita de uma empresa, lucro, produção, salário, preço, entre outros. Exemplo:

Tabela 6.3 – Salário mínimo real – médias anuais

Ano	Salário mínimo Valor em R$ de out/94
1940	381,32
1980	240,33
.	.
.	.
.	.
1990	113,16
1991	118,19
1992	101,42
1993	111,24
1994	85,48

Fonte: Baseada em dados do DIEESE, 1994.

Na elaboração de uma pesquisa, os dados estatísticos são apresentados na forma de variáveis.

Uma variável é um símbolo, como x, y, b, que pode assumir qualquer valor de um conjunto que lhe é atribuído, conjunto este chamado de domínio da variável. Quando a variável pode assumir apenas um valor é denominada constante.

A variável é denominada discreta se a escala numérica escolhida for a dos números inteiros. Neste caso, um "x" número de membros de uma família pode assumir qualquer um dos valores 0, 1, 2, 3 etc., e jamais 1,5 ou 2,8, por exemplo.

A variável é denominada contínua quando pode assumir qualquer valor entre dois dados; compreende o conjunto dos números reais. A variável h, altura de um indivíduo, pode assumir valores como 1,82 m, 1,73 m etc.

Na apresentação qualitativa, as modalidades que a compõem formam um "conjunto sem estrutura", ou seja, quando não há nenhuma ligação entre essas modalidades, independentemente de constituírem um conjunto completo, tem--se a estatística de atributos. Exemplo:

Tabela 6.4 – Taxa de analfabetismo das pessoas de 15 anos de idade ou mais, por cor, no Brasil e nas Grandes Regiões 2007 (em %)

Brasil e Regiões	Cor branca	Cor preta	Cor parda
Norte	7,5	14,7	11,7
Nordeste	15,3	23,1	21,7
Sudeste	4,1	9,4	7,9
Sul	4,4	9,9	9,4
Centro-oeste	5,4	14,5	9,3
Brasil	6,1	14,3	14,1

Fonte: Elaborada pelo autor com base nos dados do DIEESE, 2009.

6.1 Tipos de séries estatísticas

As séries estatísticas podem possibilitar ao pesquisador reflexões que permitem a formulação das várias hipóteses auxiliares na solução do problema proposto.

É comum o pesquisador defrontar-se com uma série de dados, principalmente na forma de tabelas, o que exigirá uma profunda reflexão para separar o que é importante para o seu trabalho daquilo que é dispensável, pois existe sempre a possibilidade de se confundir o que é e o que não é importante, podendo ocorrer um desvio na rota da pesquisa.

Séries estatísticas históricas ou cronológicas

Neste caso, os termos da série correspondem a intervalos de tempo variáveis.

Utilizando a Tabela 6.2, o pesquisador pode ser levado a um grande número de reflexões. Se estiver estudando a evolução do bem-estar social no Brasil, esta tabela poderá ser de grande valor, considerando-se o período de 1990 e 2009, no qual os dados sobre o aumento da participação da população economicamente ativa no processo produtivo representam um crescimento na distribuição da renda em função dos salários recebidos pelo trabalho. O mesmo poderia ser aplicado às informações da Tabela 6.5, fazendo-se comparações sobre a evolução do consumo de gás e o crescimento do emprego, uma vez que isso pode significar que o trabalhador, com o emprego, tem o seu salário e pode consumir mais gás para cozinhar os alimentos.

Tabela 6.5 – Tarifas públicas de abril de 2010 a maio de 2011

Data	Luz residencial até 300 kwts	Água residencial até 10 m^3	Gás até 15 m^3	Gás botijão	Assinatura de telefone	Ônibus municipal
Maio/2011	88,95	14,19	39,53	42,90	40,60	3,00
Abril/2011	88,95	14,19	39,53	42,90	40,60	3,00
Março/2011	88,95	14,19	39,53	42,90	40,60	3,00
Fevereiro/2011	88,95	14,19	39,53	42,90	40,60	3,00
Janeiro/2011	88,95	14,19	39,53	42,90	40,60	3,00
Dezembro/2010	88,95	14,19	39,53	42,90	40,60	2,70
Novembro/2010	88,95	14,19	39,53	42,90	40,60	2,70
Outubro/2010	88,95	14,19	39,53	41,90	40,60	2,70
Setembro/2010	88,95	14,19	39,53	41,90	40,35	2,70
Agosto/2010	88,95	13,64	39,53	41,90	40,35	2,70
Julho/2010	88,05	13,64	39,53	41,90	40,35	2,70
Junho/2010	88,05	13,64	39,42	39,90	40,35	2,70
Maio/2010	88,05	13,64	39,75	39,90	40,35	2,70
Abril/2010	88,05	13,64	39,75	39,90	40,35	2,70

Fonte: Elaborada pelo autor com dados do DIEESE, 2011.

Caso a Tabela 6.5 expressasse numericamente, ao longo de vários períodos, as vendas e as respectivas taxas de rentabilidade, poderíamos ter uma ideia do real comportamento desta empresa no período estudado.

As séries históricas têm a sua utilidade, principalmente, para avaliar situações ao longo do tempo e permitir reflexões em função do objeto do trabalho.

Séries estatísticas geográficas ou territoriais

Estas séries, além de descrever os fenômenos ocorridos em determinados instantes, discriminando-os segundo as regiões, permitem identificar não só a participação em termos populacionais, mas também outras variáveis, como os recursos naturais e a produção.

A Tabela 6.1 apresenta a distribuição da população economicamente ativa por regiões em 2009, permitindo ver o todo (Brasil) subdividido em suas várias regiões.

Se o objetivo do pesquisador, por exemplo, for o estudo da economia da Região Norte, ele terá condições de fazer reflexões em função dessa participação relativa no todo. Nesse caso, a preocupação maior deverá ocorrer no momento de eventuais inferências ou generalizações do resultado obtido, ou seja, a Região Norte, no que se refere à população economicamente ativa, em termos relativos, é pouco significativa.

Séries estatísticas específicas ou categóricas

Este tipo existe quando os fenômenos são apresentados segundo especificações e categorias em determinados momentos. Por exemplo, a Tabela 6.5 mostra a evolução das tarifas públicas de abril de 2010 a maio de 2011.

Exemplo:
Em função do objeto do trabalho a ser desenvolvido, o pesquisador poderá formular "n" hipóteses de trabalho. A título de exemplo, uma das hipóteses seria provar o crescimento econômico ou a recessão, comparando-se o valor da tarifa de energia elétrica de um período a outro. O mesmo pode ser feito com o preço do gás, pois ambos representam grande impacto no consumo das famílias e, na recessão, os preços tendem a dar saltos significativos.

6.2 Distribuição de frequências

Quando se afirma que o número de analfabetos no Brasil soma 24,4 milhões de habitantes, esse é o resultado de um levantamento estatístico que pode ser chamado de dados brutos, ou seja, os dados que ainda não foram numericamente organizados.

A organização desses dados é feita mediante sua distribuição em classes ou categorias. A determinação do número de indivíduos pertencentes a cada uma dessas classes denomina-se frequência de classe.

Por exemplo, utilizando-se a Tabela 6.6, a classe de indivíduos analfabetos, por grupos de idade de sete a nove anos, o primeiro item da tabela, soma 4,2 milhões de indivíduos; este número é chamado de frequência da classe.

Idade (anos)	Número de analfabetos	Frequência de classe, ou seja, o número de
7 a 9	4.243.462	analfabetos pertencentes a essa classe ou categoria de idade

O quadro, no qual se apresentam as várias classes ou categorias e suas respectivas frequências, denomina-se distribuição de frequências, conforme representado na Tabela 6.6, que indica o total de analfabetos por grupo de idade em 1990.

Tão importante para o pesquisador quanto conhecer o número de analfabetos existentes é conhecer a sua distribuição, segundo os vários grupos de idade, para que propostas e conclusões possam ser cientificamente discutidas. Será que podem ser considerados analfabetos aqueles que ainda estão na idade escolar? Por exemplo, o grupo de indivíduos com idade de sete a nove anos, que ainda se encontra justamente em idade escolar.

Denomina-se intervalo de classe o símbolo (−) que define uma classe; no exemplo da Tabela 6.6, no intervalo 7–9, o 7 é o limite inferior da classe e o 9, o limite superior dessa classe.

No caso da classe de 60 anos ou mais, denomina-se intervalo de classe aberto.

Tabela 6.6 – Analfabetos, por grupos de idade (Brasil, 1990)

Grupos de idade	Nº de analfabetos
7-9 anos	4.243.462
10-14 anos	2.445.457
15-19 anos	1.405.489
20-24 anos	1.276.786
25-39 anos	3.978.018
40-59 anos	6.107.427
60 anos ou mais	4.964.238
Idade ignorada	671
Total	**24.421.548**

Fonte: Anuário Estatístico – DIEESE, 1994.

A amplitude do intervalo de classe é a diferença entre os limites superior e inferior. Por exemplo, 9–7; 9 limite superior e 7 limite inferior; a diferença 2 é denominada amplitude.

O ponto médio de um intervalo de classe é obtido mediante a soma do limite inferior 7 e do limite superior 9 dividido por 2, tendo como resultado o número 8, encontrado pelo cálculo: $\frac{7+9}{2} = 8$

É importante que, na construção da tabela, o pesquisador tome alguns cuidados para não causar distorções na análise e na sequência dos cálculos. Para tanto, deve obedecer a alguns critérios na elaboração da distribuição de frequência:

- Determina-se a amplitude total do rol, mediante o cálculo da diferença entre o maior e o menor dos dados obtidos na pesquisa.
- A amplitude total deve ser dividida por um número de intervalo de classe que tenha a mesma amplitude; quando não for possível, podem ser utilizados intervalos com amplitudes de classes diferentes; comumente, o número de intervalos de classe é tomado entre 15 e 20, dependendo dos dados.
- A partir daí, calcula-se a frequência, ou seja, calcula-se o número de observações que corresponde a cada intervalo de classe.

Exemplo:

Uma empresa fez um levantamento dos valores das duplicatas pagas durante um mês a 60 fornecedores (valores em R$ 1.000,00)

10	5	1	4	3	2	4	3	4	2
8	8	6	4	4	9	8	7	6	5
8	9	3	2	2	1	1	6	5	8
10	4	15	12	11	10	8	9	9	7
3	2	1	4	2	3	4	3	2	4
6	8	7	5	4	2	15	14	8	7

Solução

Primeiro passo:

Determinar a amplitude total do rol, mediante o cálculo da diferença entre o maior e o menor dos dados obtidos na pesquisa: 15 − 1 = 14 é a amplitude do rol.

Segundo passo:

A amplitude total deve ser dividida por um número de intervalo de classe que tenha a mesma amplitude; quando não for possível, podem ser utilizados intervalos com amplitudes de classes diferentes: $\frac{14}{3} = 4,67$

O intervalo de classe escolhido é 3 e o número de classes que ele terá é 4,67, ou seja, cinco classes.

Histograma

A apresentação dos dados, mediante a utilização do histograma, procura tornar mais evidentes condições que, se apresentadas somente na tabela, poderiam não evidenciar dados de suma importância.

O histograma é um gráfico construído da seguinte forma:
- No eixo horizontal (eixo dos X) serão construídos retângulos, tendo como base o intervalo de classe e como altura a frequência de cada intervalo representado no eixo do (Y).

Exemplo:

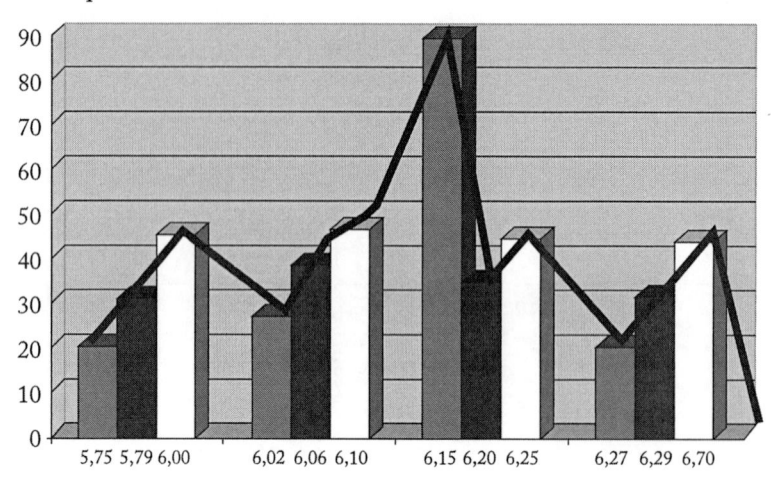

[Gráfico de barras e polígono de frequência com valores no eixo x: 5,75 5,79 6,00 6,02 6,06 6,10 6,15 6,20 6,25 6,27 6,29 6,70]

A partir dos pontos médios das frequências, pode-se construir o polígono de frequência mediante a ligação desses pontos médios. Este polígono de frequência possibilita a comparação entre a distribuição estudada e a distribuição normal das probabilidades.

Distribuição de frequência relativa

A frequência relativa é determinada da seguinte forma: toma-se a frequência referente ao intervalo de classe e divide-se pela frequência total, multiplicando-se depois por cem, para que o resultado seja obtido na forma percentual. Dessa forma, pode-se construir a tabela de distribuição de frequência relativa.

Exemplo:

Utilizando-se os dados da Tabela 6, a frequência relativa da primeira classe (7–9) será:

$$\frac{(4.243.462)}{24.421.548} \cdot 100 = 17,38\%$$

A frequência relativa da terceira classe (15–19) será:

$$\frac{(1.405.489)}{24.421.548} \cdot 100 = 5,76\%$$

É de grande importância a frequência relativa, porque mostra a participação proporcional de cada intervalo de classe no todo.

Distribuição de frequência acumulada

A frequência acumulada de um determinado intervalo é a soma desse intervalo com todos os intervalos inferiores.

A frequência acumulada de terceiro intervalo de classe é a soma das frequências do primeiro, do segundo e do terceiro intervalos. Esse raciocínio vale também para o cálculo das demais frequências relativas acumuladas.

A frequência acumulada é obtida da seguinte forma:
Exemplo:

Grupo de idade	Número de analfabetos	Frequência acumulada
7 a 9 anos	4.243.462	4.243.462
10 a 14 anos	2.445.457	6.688.919
15 a 19 anos	1.405.489	8.094.408
20 a 24 anos	1.276.786	9.371.194

Curvas de frequência

À medida que os intervalos de frequência são determinados, de tal forma que os retângulos de frequência são tão estreitos que o polígono se aproxima muito de uma curva de frequência, as curvas de frequência podem ser obtidas mediante a ligação dos pontos médios dos polígonos.

- Curvas de frequência simétrica ou em forma de sino: têm como característica o fato de as observações equidistantes do ponto central máximo terem a mesma frequência.
- Curvas de frequência moderadamente assimétricas ou desviadas: a cauda da curva de um lado da ordenada máxima é mais longa do que a do outro.
- Curva em forma de J ou em J invertido: o ponto da ordenada máxima ocorre em uma das extremidades.
- Curva de frequência em forma de U: há ordenadas máximas em ambas as extremidades.

- Curva de frequência bimodal: é a curva que tem dois pontos máximos.
- Curva de frequência multimodal: é a curva com mais de dois máximos.

6.3 Medidas de tendência central para dados não agrupados

Em um conjunto de dados ordenados segundo suas grandezas, as médias ou medidas de tendência central costumam localizar-se no seu ponto central. Estas medidas de tendência central são a média aritmética, a mediana, a moda, a média geométrica e a média harmônica.

Média aritmética

A média aritmética ou média de um conjunto de N números $x_1, x_2, x_3,..., x_n$ é representada por $\overline{X}$ e pode ser definida por:

$$\overline{X} = \frac{x_1 + x_2 + x_3 + ... x_n}{N} = \frac{\sum_{j-i}^{N} Xj}{N} = \frac{\sum X}{N}$$

Exemplo: as notas de um estudante em oito provas foram: 7, 9, 8, 5, 6, 7, 4, 6. Então, a média aritmética será:

$$\overline{X} = \frac{7+9+8+5+6+7+4+6}{8} = 6,6$$

Se a instituição de ensino exige média 5 para a aprovação, o aluno estará aprovado. Esta é uma das utilidades da média aritmética. Percebe-se, apesar de a média ser 6,6, que ele teve excelentes notas, mas em uma das provas obteve uma nota inferior àquela exigida para a aprovação.

A média é normalmente utilizada como base para o cálculo de números índices. Também é utilizada como parâmetro para as mais variadas decisões.

Exemplos:

Uma empresa, para estabelecer a produtividade mínima de um trabalhador em uma determinada atividade, utiliza uma média baseada na produtividade de vários trabalhadores.

Ao se planejar a implantação de um projeto agrícola para a definição do local, nada mais fundamental do que a identificação da média pluviométrica da região.

Nos catálogos de turismo, sempre é enfatizada a temperatura média das regiões neles apresentadas, facilitando ao turista escolher o período do ano e o local mais conveniente para a sua viagem.

Média aritmética ponderada

Aos números $x_1, x_2, x_3, ... x_n$, podem ser atribuídos pesos ou fatores de ponderação, obtendo-se a média aritmética denominada ponderada. Esta média é representada pela fórmula:

$$\overline{X} = \frac{z_1 x_1 + z_2 x_2 + z_3 x_3 + z_N x_N}{z_1 + z_2 + z_3 + ... z_N} = \frac{\sum z.X}{\sum z}$$

Como exemplo, pode-se admitir o cálculo do IGPM (índice geral de preços do mercado), calculado pela Fundação Getúlio Vargas, em que:

IPA = índice de preços no atacado, com peso 6.
ICV = índice de custo de vida, com peso 3.
INCC = índice nacional da construção civil, com peso 1.

$$IGPM = \frac{6.IPA + 3.ICV + 1.INCC}{10}$$

Pode-se citar também a atribuição de pesos às notas obtidas nas provas mensais e no exame final; normalmente, as provas mensais têm um peso menor e o exame final, um peso maior. O motivo desta ponderação pode ser o fato de as provas mensais envolverem um número menor de conhecimento do que os exames finais.

Mediana

Dada uma relação de números, ordenados em ordem crescente, a mediana será o número central no caso de o conjunto ter um número ímpar de elementos e será a média dos dois centrais se o número de elementos for par.

Exemplo:

Quando o número de elementos for ímpar: 1, 2, 5, **6**, 9, 9, 10; então, 6 é a mediana.

Quando o número de elementos do conjunto for par: 1, 2, 5, 6, 9, 9, 10, 11; então, a mediana será: $\dfrac{6+9}{2} = 7,5$

Percebe-se que a mediana é sempre o número central de um conjunto de elementos, não importando os valores extremos deste conjunto, e que exerce influência no cálculo da média.

Exemplos:

Quando o número de elementos for ímpar: 1, 2, 5, **6**, 9, 9, 10; então, 6 é a mediana e, por coincidência, a média:

$$\overline{X} = \dfrac{1+2+5+6+9+9+10}{7} = 6$$

Se o primeiro termo deste exemplo fosse 2 e o último termo 30, a mediana é a mesma, 6, mas a média teria valor diferente:

$$\overline{X} = \dfrac{2+2+5+6+9+9+30}{7} = 9$$

Quando o número de elementos do conjunto for par: 1, 2, 5, 6, 9, 9, 10, 11; então, a mediana será: $\dfrac{6+9}{2} = 7,5$

Se o primeiro termo fosse 2 e o último termo 30, a mediana seria a mesma, 7,5, mas a média passaria de 6,6 para 9,1.

Isso mostra que a variação dos extremos não exerce nenhuma variação na mediana, embora possa alterar profundamente a média.

Moda

É o parâmetro de posição que dá a magnitude do valor que se apresenta com mais frequência em uma série. Veja exemplos a seguir.

No conjunto formado por 3, 3, 6, 7, 8, 4, 4, 4, 3, 2, 1; a moda é 4, pois é o algarismo que aparece com maior frequência: três vezes no conjunto.

O conjunto não tem moda (ex: 2, 4, 6, 3, 8, 9, 10) quando não há nenhum número que se apresente com mais frequência que os demais.

No conjunto formado por 2, 3, 4, 4, 4, 5, 5, 7, 7, 7; aparecem números com igualdade de frequência, 4 e 7; o conjunto é bimodal.

6.4 Medidas de tendência central para dados agrupados

Média aritmética simples

O cálculo da média aritmética, no caso de cálculos agrupados, será obtido a partir da fórmula:

$$\overline{X} = \frac{\sum XiFi}{\sum fi}$$

Por exemplo, substituindo os valores na fórmula:

Classe	Valor central (Xi)	Fi	$Fi \cdot Xi$
7–10	8,5	5	42,5
11–14	12,5	3	37,5
15–18	16,5	8	32,0
		$\sum = 16$	$\sum = 212,0$

$$\overline{X} = \frac{212}{16} = 13,25$$

Como é possível observar, Xi é a média do intervalo de classe, ou seja, o limite inferior mais o limite superior de cada intervalo dividido por 2. Fi é a frequência de classes ou o número de ocorrências do evento em cada um dos intervalos.

Na maioria das vezes, a grande quantidade de observações ocorridas não pode ter a sua média calculada considerando-as individualmente, por isso, impõe-se a necessidade de agrupá-los. Veja no exemplo do quadro a seguir.

Classe	Frequência	Valor central (χ_i)	$F_i.\chi_i$
1–3	18	2	36
4–6	18	5	90
7–9	16	8	128
10–12	5	11	55
13–15	3	14	42
Totais	60		351

$$\overline{X} = \frac{\sum f_i x_i}{\sum f_i} = \frac{351}{60} = 5,85$$

Mediana

A fórmula para o cálculo da mediana: $md = \dfrac{Li + \dfrac{N}{2} - (Fa - 1)}{Fi} \cdot ix$; em que:

Li = limite inferior da classe no qual a mediana está situada.

N = total da frequência simples.

Fi = frequência da classe onde se encontra a $md.\left(\dfrac{N}{2}\right)$.

Fa − 1 = frequência das classes inferiores a Li ou a frequência de classe onde se encontra a mediana.

ix = amplitude do intervalo. Exemplo:

Pagamentos	Fi = Frequência simples	Fa = Frequência acumulada
4–6	140	140
6–8	540	680
8–10	980	1660
10–12	1.152	2.812
12–14	640	3.452
14–16	224	3.676
16–18	42	3.718
18–20	2	3.720
Total	3.720	

Solução:

$$md = Li + \frac{\left(\frac{N}{2}\right) - (Fa - 1)}{Fi} \cdot ix$$

$$md = 10 + \frac{\left(\frac{3.720}{2}\right) - (1.660 - 1)}{1.152} \cdot ix$$

$$md = 10,35$$

Uma loja de vestuário, tendo em vista a programação do espaço e do número de empregados necessários, fez uma pesquisa para avaliar o fluxo de clientes e apurou os seguintes números durante o mês:

a) Média = 100

Isso significa que a loja atendeu em torno de 100 clientes por dia, ou seja, uns dias mais e, em outros, menos.

b) Mediana = 105

Isso mostra que, na metade dos dias trabalhados, foram atendidos 105 clientes ou menos e, na outra metade, 105 clientes ou mais.

c) Moda = 110

Isso mostra que o atendimento a 110 clientes diários foi o que mais se repetiu durante o mês, ou seja, podem ter ocorrido repetições de atendimento diário de outros números de clientes, mas o número de clientes atendidos que mais se repetiu foi 110.

Estes dados permitirão ao empresário programar todas as variáveis necessárias a um bom atendimento de seus clientes.

6.5 Distribuição normal ou curva de Gauss ou forma de sino

Define-se curva normal quando as medidas de tendências central, média, mediana e moda têm valores muito próximos.

Quando a média, a moda e a mediana são coincidentes, a curva é simétrica. Graficamente, a curva normal apresenta-se na forma de um sino.

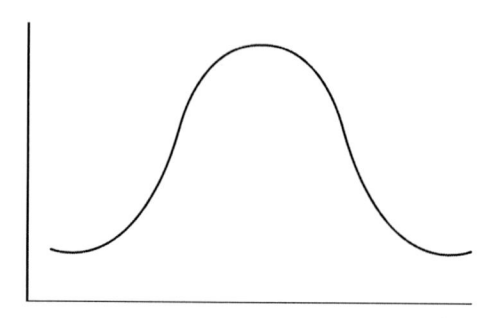

O ponto mais alto da curva é o valor que ocorre com maior probabilidade; esse valor é a moda que coincide com a média.

É evidente que essa distribuição pode não ser normal, ou seja, não ter a forma de sino, ou ter as medidas de tendência central diferentes; aparecem, então, as curvas assimétricas.

O gráfico tem assimetria positiva quando a média das frequências é menor do que a mediana e a moda. A assimetria é negativa caso a média seja maior do que a mediana e a moda.

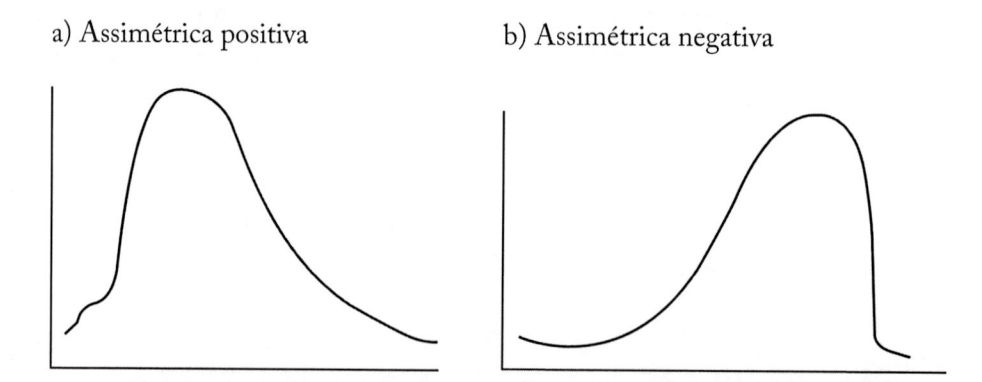

a) Assimétrica positiva   b) Assimétrica negativa

Supondo-se que em uma determinada região, em um estudo de distribuição dos salários, sejam apurados os seguintes valores:

- Média – 4; ou seja, os salários pagos giravam em torno de 4 salários mínimos.
- Mediana – 2,5 salários mínimos.
  Isso mostra que metade dos trabalhadores recebe até 2,5 salários mínimos e a outra metade, acima de 2,5 salários mínimos.
- Moda – 1,5 salário mínimo.
  Quer dizer que o salário pago mais repetidamente é de 1,5 salário mínimo.

Quartis, decis e percentis

O número que divide um conjunto de dados ordenados em ordem de grandeza em duas partes chama-se mediana. Por extensão, os valores que dividem esse conjunto em quatro partes são chamados quartis. Da mesma forma, os valores que dividem esse conjunto em dez partes são denominados decis.

- Quartis: quando é dividido em quatro partes o conjunto ordenado de dados.
- Decis: quando o conjunto ordenado é dividido em dez partes.
- Percentis: quando o conjunto ordenado é dividido em cem partes.

6.6 Medidas de dispersão

As medidas de tendência central como a média, a mediana e a moda mostram a tendência central de uma distribuição de frequência, mas não mostram a concentração, a proximidade, o distanciamento ou a dispersão dos valores em torno das medidas de tendência central.

Intervalo de variação – desvio total

É a diferença entre o maior e o menor dos valores observados; indica os limites entre os quais se encontram os valores de uma série; pode ser obtido pela fórmula:

$it = XM - Xm$

it = intervalo total ou desvio total;
XM = valor máximo;
Xm = valor mínimo.

Exemplo: 3, 5, 5, 7, 8, 8, 9, 10; então:
it = XM – Xm
it = 10 - 3
it = 7.

Desvio médio

O desvio médio é dado por:

$$D.M. = \frac{\sum |Xi - X|}{N}; \text{ em que:}$$

$|X - \overline{X}|$ = diferença ou desvio de cada um dos casos com relação a uma medida central sem considerar o sinal, ou seja, $|X - X|$, onde X é o número de cada um dos casos e X é a média ou medida central.

Exemplo: Dado o conjunto de números: 2, 4, 5, 6, 7, 6. A média aritmética será:

$$\overline{X} = \frac{2 + 4 + 5 + 6 + 7 + 6}{6} = 5$$

O desvio médio será então:

$$Dm = \frac{|2-5|+|4-5|+|5-5|+|6-5|+|7-5|+|6-5|}{6}$$

$$Dm = \frac{|-3|+|-1|+|0|+|1|+|2|+|1|}{6}$$

$$Dm = \frac{3+1+0+1+2+1}{6} = \frac{8}{6}$$

$$Dm = 1,33$$

Desvio-padrão

O desvio-padrão é obtido da seguinte forma:

$$S = \sqrt{\frac{\sum f.d^2}{N}}$$

S = desvio-padrão.
d = X − $\overline{X}$
X = número de cada um dos casos;
$\overline{X}$ = média aritmética ou medida central;
N = número de elementos do conjunto.

Na comparação de duas amostras estudadas, aquela que apresentar o menor desvio-padrão, ou seja, o valor que mais se aproxima da média ou medida central, é a que mais atende aos propósitos.

Quando é feito um estudo de dois tipos de lâmpadas, por amostragem de vida útil, aquela amostra cujo desvio-padrão for menor indicará menor probabilidade de haver lâmpadas com vida útil mais distanciada da média.

O cálculo deverá ser feito segundo as seguintes fases:

a) Calcular a média aritmética da amostra do conjunto.
b) Calcular para cada elemento da distribuição o desvio (diferença) em relação à média aritmética não considerando o sinal (d).
c) Elevar ao quadrado o desvio obtido acima (d^2).
d) Multiplicar o valor obtido acima pelas respectivas frequências ($d^2 \cdot f$).
e) Aplicar a fórmula do desvio-padrão.

Exemplo:

Café (tipos)	Preço R$/kg (X)	Desvio em relação à média aritmética (d = X − $\overline{X}$)	d^2	$f \cdot d^2$
A	2,00	2,00 − 5,00 = − 3,00	9,00	18,00
B	4,00	4,00 − 5,00 = − 1,00	1,00	4,00
C	5,00	5,00 − 5,00 = 0,00	0,00	0,00
D	6,00	6,00 − 5,00 = 1,00	1,00	6,00
E	7,00	7,00 − 5,00 = 2,00	4,00	28,00
F	6,00	6,00 − 5,00 = 1,00	1,00	6,00
Total	N = 6			Σ = 62,00

$$S = \sqrt{\frac{\sum f.d^2}{N}} = \sqrt{\frac{62,00}{6}} = \sqrt{10,33} = 3,2$$

O cálculo do desvio-padrão para valores agrupados é feito utilizando-se a fórmula:

$$\sigma = \sqrt{\frac{\sum f.d^2}{\sum f}}$$

Exemplo: Rendimento de trabalhadores segundo as suas idades, em salários mínimos:

Faixas salariais	Intervalo de classe média (a)	Número de trabalhadores (f)	Desvio D = (a − ma)	d²	f.d²
1–3	2	20	− 5	25	500
3–5	4	18	− 3	9	162
5–7	6	16	− 1	1	16
7–9	8	14	1	1	14
9–11	10	12	3	9	108
11–13	12	10	5	25	250
Total		90	18		1.050

$$\sigma = \sqrt{\frac{\sum f.d^2}{f}} = \sqrt{\frac{1.050}{90}} = \sqrt{11,5} = \boxed{3,4}$$

O resultado obtido (3,4) indica a variação média de números de salários mínimos em relação à média de salários mínimos pagos; é fácil perceber que, quanto maior for este número, maior será a dispersão dos valores em torno da média.

Variância

A variância nada mais é do que o desvio-padrão elevado ao quadrado:

$$\sigma = \frac{\sum f.d^2}{\sum f}$$

6.7 Probabilidade

O vocábulo probabilidade deve ser entendido, provisoriamente, como indicativo de que as conclusões de investigações empíricas não são certas, mas passíveis de correção; por isso, aproxima-se dos significados de palavras como chance, possibilidade, viabilidade e, indiretamente, de conjectura, prognóstico, relevância e credibilidade.

Em um trabalho de pesquisa existe sempre a impossibilidade de trabalhar-se com todo o universo ou população; por essa razão, ocorre a necessidade de trabalhar-se com parte deste universo ou população, ou seja, com uma amostra.

Qualquer inferência ou generalização dos resultados obtidos na amostra nada mais é do que uma probabilidade. Desta maneira, os cálculos estatísticos contribuem para a redução da margem de erro.

Como exemplo, pode-se dizer que a probabilidade de retirar um rei de um maço de cartas é de 1/13, ou seja, um evento certo para 13 tentativas. Se o evento E pode acontecer de h maneiras diferentes, em um total de N modos possíveis, igualmente prováveis, a probabilidade de ocorrência do evento (denominado sucesso) é definida por:

$$p = Pr\{E\} = \frac{h}{N}$$

A probabilidade de não ocorrência do evento (denominado insucesso) é definida por:

$$q = Pr\{não\ E\} = 1 - Pr\{E\}$$

Isso porque a certeza de ocorrência do evento é igual a 1 e, da não ocorrência, é igual a zero.

A probabilidade de não ocorrência de um evento (insucesso) é definida por:

$$q = 1 - Pr\{E\}$$

em que q é a probabilidade da não ocorrência ou insucesso do evento. 1 é a probabilidade certa, ou seja, a certeza da ocorrência do evento.

Supondo o lance de uma moeda com cara nos dois lados, a probabilidade de sair cara é certa em qualquer tentativa.

Pr {E} é a probabilidade de ocorrência do evento, denominada sucesso.

Conclui-se que a probabilidade da não ocorrência é igual à certeza menos a probabilidade de ocorrência.

Se a probabilidade de ocorrência de um evento é igual a 60%, a probabilidade da não ocorrência é de 40%.

Um sorteio de um automóvel a ser realizado para 100 possuidores de bilhetes: a probabilidade do portador de um bilhete ganhar o carro é de (1/100). A probabilidade de não ganhar é 1 – (1/100), ou seja, (99/100). Ou seja, a probabilidade de ganhar é de 1% e a de não ganhar, de 99%. Quanto mais bilhetes o concorrente possuir, maior será a probabilidade de ganhar.

Quando há inferência de valores, joga-se na verdade com a probabilidade de ocorrência ou não do resultado esperado. Em uma pesquisa a maior ou menor probabilidade, com relação ao resultado esperado, dependerá do tamanho da amostra utilizada.

6.8 Amostra

Dada a impossibilidade de se fazer um levantamento da população ou do universo dos elementos que o compõem, a técnica utilizada é a de trabalhar com uma parcela dessa população, denominada amostra, que contém todas as características da população ou do universo.

Por exemplo, pode ser citado um estudo que tenha em vista conhecer a intenção de votos de dezenas de milhões de eleitores das mais variadas regiões, classes sociais e níveis de escolaridade. Determina-se certo número de eleitores que correspondam às características de todos os eleitores dessa população.

Esse pequeno número de eleitores que traz todas as características da população é denominado amostra; a partir dela, mediante a inferência, ou seja, a generalização desse resultado para toda a população, obtém-se a intenção de votos pesquisados.

Tipos de amostra

A escolha dos critérios para definir-se uma amostra vai depender de determinadas características dessa população, principalmente acerca do seu tamanho e da sua forma de organização, entre outros.

Quando o universo ou a população a ser pesquisada é de pequeno porte, pode-se determinar a amostra da seguinte forma:

Considere uma sala de aula com 80 alunos em que se pretende fazer uma pesquisa utilizando parte (amostra) desse universo. Para que a seleção dos pesquisados seja feita ao acaso, fichas são distribuídas a cada um dos alunos e, mediante um sorteio, escolhem-se aqueles que formarão esta amostra e serão pesquisados. É uma forma de determinar-se uma amostra causal simples.

Exemplo:

População ou universo		Amostra
Relação dos alunos de uma sala de aula com um total de 80 alunos com fichas numeradas para o sorteio.	urna para o sorteio	Lista com os alunos sorteados: fichas 5, 7, 34, 56, 76, 4, 22, 26.

Tratando-se de um universo ou população de grande dimensão, mas que já esteja organizado(a), como é o exemplo da lista telefônica de assinantes de uma determinada região, a seleção dos prováveis componentes da amostra pode ser realizada da seguinte forma:

Toma-se a lista telefônica com o universo desejado e:

- De cada 5, escolhe-se o último; ou
- De cada 20, escolhe-se o último, dependendo do tamanho da amostra pretendida.

É importante escolher de forma sistemática e aleatória os elementos que formarão a amostra. A característica maior deste critério é que o processo de seleção seja feito de forma sistemática.

A partir de uma relação dos alunos matriculados em uma escola, organizados em ordem alfabética e pretendendo o pesquisador utilizar uma amostra de 10% do universo, basta tomar o último nome de cada dez alunos; é o suficiente.

Quando a população está dividida em estratos ou grupos homogêneos, como distribuição da população por idade, por faixas de renda ou por nível de escolaridade, obtém-se a amostra estratificada por meio de uma amostra causal ou sistemática de cada estrato.

Exemplo: Dada uma população de 10 mil pessoas, pretende-se pesquisar ou obter uma amostra correspondente a 10% dessa população, que é composta dos seguintes estratos:

Grau de escolaridade	Frequência	Amostra
Até o Ensino fundamental completo	7.000	700
Até o Ensino médio completo	2.000	200
Até o Ensino superior completo	1.000	100

Em cada um dos estratos pode ser utilizada a amostra causal simples ou sistemática para determinação da denominada amostra estratificada.

Proporção e porcentagem

É importante o pesquisador ou estudioso estar sempre atento com relação a afirmações tendenciosas ou cientificamente falhas que poderão levá-lo a conclusões absurdas. A afirmação de que, em uma determinada indústria, 200 produtos saíram com defeito não permite concluir a eficiência da empresa, porque só será possível afirmar que este número é grande ou pequeno, significativo ou não, quando se tiver conhecimento do universo ao qual ele pertence.

Se o universo é de 1 milhão de peças, pode-se admitir que os 200 defeituosos não sejam tão significativos; porém, se o universo for de mil unidades produzidas, 200 passa a ser um valor muito representativo. Daí a importância de serem calculados os percentuais, pois 200 em 1 milhão representam 0,02%; considerando uma produção de mil, esses 200 corresponderão a 20%.

É por intermédio do cálculo de porcentagens que se estabelecem margens de tolerância e parâmetros para comparações. Dizer que uma determinada comunidade tem 200 leitos hospitalares disponíveis não tem nenhum significado se o número de elementos da população não for conhecido.

6.9 Correlação

Considerando duas variáveis X e Y, afirma-se que existe uma correlação positiva quando as duas variáveis crescem juntas. Isso pode ser mais bem estudado a partir da colocação de vários pontos representativos dos valores de X e Y em um sistema cartesiano.

Os pontos no gráfico são colocados da seguinte forma: para cada valor de X, tem-se o correspondente valor de Y.

Estudante	1	2	3	4	5	6
Horas de estudo	20	16	34	23	27	32
Notas obtidas	64	61	84	70	88	92

Considere um número de alunos escolhidos aleatoriamente, estabelecendo-se como X as horas de estudo (a variável independente) e como Y as notas obtidas (variável dependente). A partir desses dados, relacionam-se no gráfico dois pontos, como exemplo: o aluno 1 dá origem aos pontos de 20 horas de estudo e nota obtida 64. Esse estudo permite concluir qual é a relação entre a quantidade de horas de estudo e as notas obtidas. Os pontos colocados no diagrama dão origem ao diagrama de dispersão.

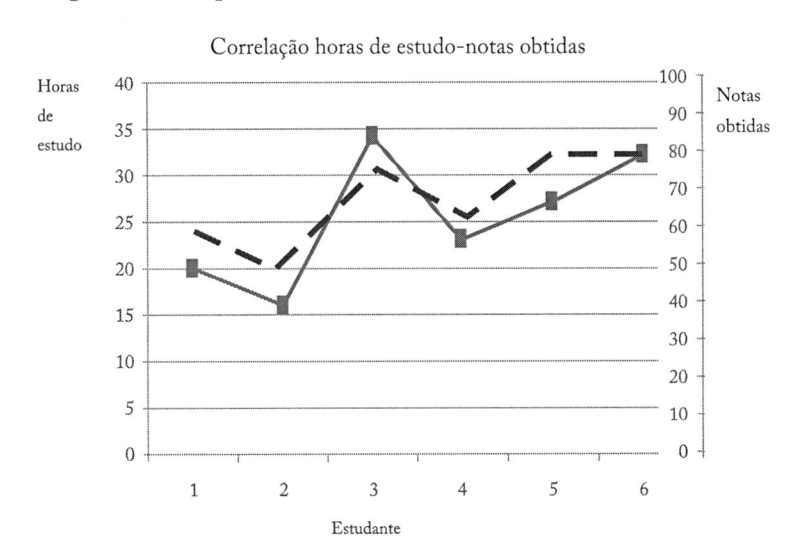

a) Correlação fraca: os pontos se encontram dispersos no gráfico.

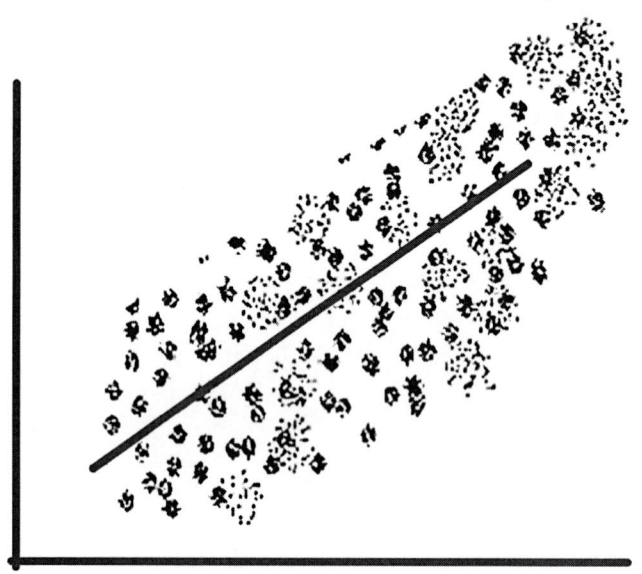

Relação linear direta com menor grau de relação

b) Forte correlação negativa: quando uma variável cresce e a outra diminui, tem-se a correlação negativa.

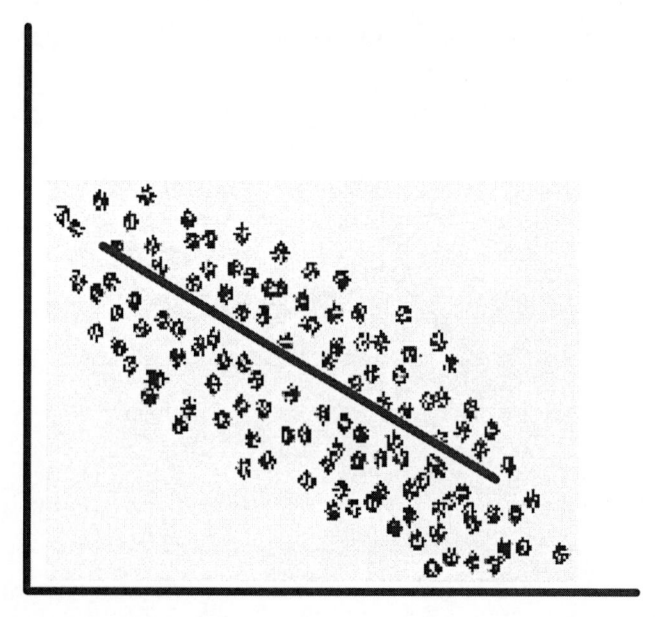

Relação linear inversa

c) Correlação nula: quando uma variável cresce e a outra varia ao acaso.

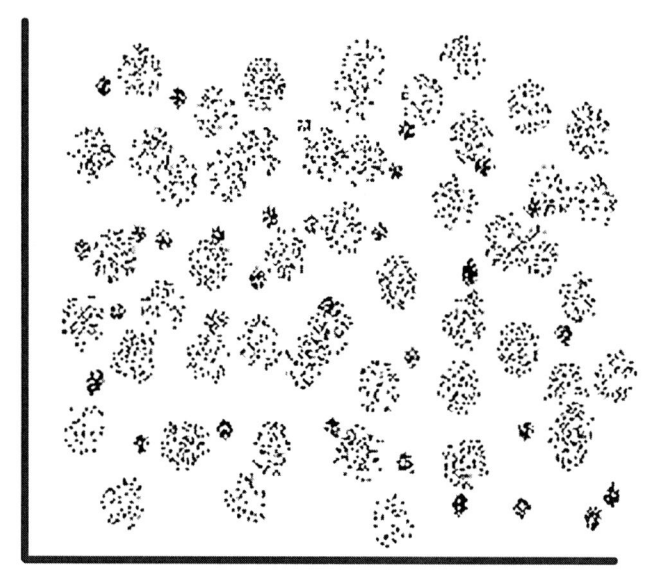

Não há relação

d) Forte correlação positiva: quando uma variável cresce e a outra também, X e Y crescem no mesmo sentido.

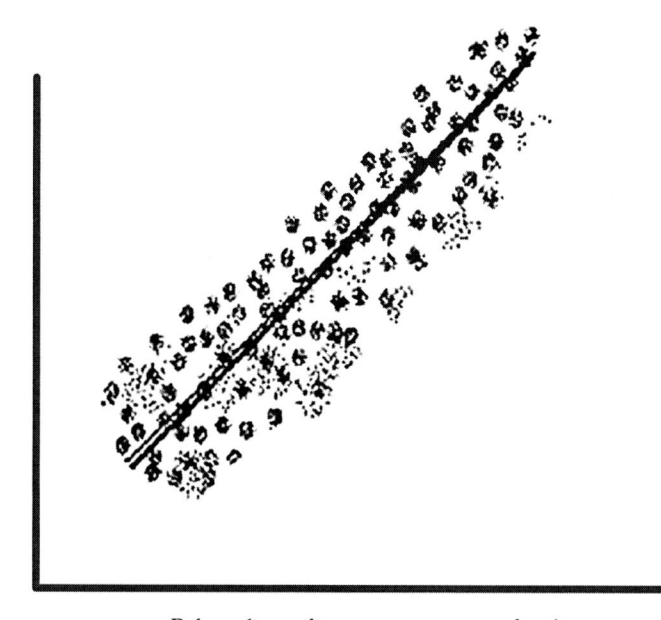

Relação linear direta com maior grau de relação

Pode-se afirmar que, matematicamente, os pontos podem ser ajustados à obtenção das várias curvas e equações. Podem-se ter problemas mais complexos envolvendo um número maior de variáveis.

É importante frisar que o tratamento matemático a ser dado a esses problemas é função do estatístico, mas é importante também que todo e qualquer pesquisador tenha o conhecimento necessário para interpretar os resultados segundo os seus objetivos.

A correlação não significa que necessariamente ocorre um fenômeno de causa e efeito, ou seja, que o crescimento de uma variável determine o crescimento da outra. Por exemplo, pode-se afirmar que o aumento de peso de um determinado indivíduo não vai corresponder a um aumento de sua estatura.

6.10 Números-índices

Entre os indicadores utilizados para a análise dos vários fenômenos econômicos, sociais, políticos, entre outros, os números-índices têm grande importância porque permitem calcular a evolução de quantidades, valores, preços e afins ao longo do tempo.

O número-índice é calculado a partir do estabelecimento de um período com base igual a 100; na sequência, utilizando uma regra de três simples, calcula-se a variação percentual dos valores subsequentes.

Veja o exemplo da Tabela 7, na qual consta o ano de 1980, cujo PIB foi tomado como base e, consequentemente, igual a 100 (PIB80 = 100). A obtenção do índice de 1981 ocorre da seguinte forma:

1980 100
1981 X

$PIB_{1980} = 12.450$
$PIB_{1981} = 11.895$

$X = \dfrac{PIB_{1981}}{PIB_{1980}} \cdot 100$

$X = \dfrac{11.895}{12.450} \cdot 100$

$X = 95$

Isso mostra que o PIB teve uma redução de 5%.

A fórmula geral é, normalmente, apresentada da seguinte forma:

q0 = quantidade no período base
qt = quantidade no período atual

$q_{o,t} = \dfrac{q_t}{q_o} \cdot 100$

$q_{o,t}$ = índice de variação da quantidade no período t

Deve-se ressaltar que o mesmo raciocínio aplica-se às variações de qualquer gênero em séries sequenciais.

O índice de evolução é importante para calcular a variação de determinadas séries, sobretudo para confrontar, ao longo do tempo, a evolução de séries diferentes, como é o caso do exemplo da Tabela 7, na qual é confrontada a evolução quantitativa do produto interno bruto (PIB) e da população.

Os números-índices são utilizados para a elaboração de gráficos que permitem entender mais facilmente o comportamento das séries analisadas. Caberá ao pesquisador, a partir de profundas reflexões, tirar todas as conclusões possíveis.

Dispondo-se de séries de números, em qualquer campo de atuação do cientista os números-índices são de grande valia.

Um sociólogo poderia perfeitamente, a partir de uma série referente à escolaridade e de outra concernente à criminalidade, elaborar uma tabela determinando os números-índices – e, a partir daí, tirar conclusões das mais importantes.

O índice de preços é o mais comum entre os vários índices utilizados em geral, pois sua variação configura o comportamento da inflação em um determinado período.

O cálculo do índice de preços é feito da seguinte forma:

a) Toma-se o conjunto dos produtos consumidos por uma família – cesta básica – ponderando-se a importância de cada um dos itens que a compõem.
b) O valor dessa cesta no período é estabelecido como base igual a cem, e as variações subsequentes, que refletem a variação percentual de preços dessa cesta básica, é a taxa de inflação desse segmento.

Tabela 6.7 – Variação do PIB e população (1980–1991)

Itens	PIB		População	
Ano	Valor	Índice	Quantidade	Índice
1980	12.450	100	116.623	100
1981	11.895	95	120.418	104
1982	11.959	96	123.256	106
1983	11.646	93	126.640	108
1984	12.163	98	128.070	110
1985	13.117	105	130.547	112
1986	14.114	113	133.072	114
1987	14.621	117	135.646	116
1988	14.605	117	138.270	118
1989	15.085	121	140.944	121
1990	14.423	115	143.670	123
1991	14.559	117	146.449	125

Capítulo 7

Projeto de pesquisa

Todo e qualquer trabalho a ser desenvolvido exige um planejamento, principalmente quando envolve custos, sejam da natureza que for: dinheiro, tempo, sacrifício do convívio familiar ou do lazer e preocupações de toda ordem.

O trabalho científico parte da elaboração de um projeto de pesquisa; esta por si só já é um trabalho científico, pois a sua realização envolveu de antemão uma pesquisa preliminar.

As diversas fontes de financiamento de trabalho científico e aprovação para a admissão nos cursos de pós-graduação (mestrado, doutorado, livre-docência) têm como exigência a apresentação de um projeto, bem detalhado, elaborado e consistente. As chances de aprovação serão maiores se o projeto for convincente.

Cabe ressaltar que é impossível a realização de uma pesquisa sem que fique perfeitamente determinado o que se pretende com o trabalho e como ele será realizado, no que diz respeito à metodologia a ser utilizada, ao tempo necessário para sua conclusão e também aos custos para sua execução.

No projeto de pesquisa, o pesquisador terá condições de sentir as reais possibilidades de sua execução, considerando disponibilidade de tempo, material bibliográfico e outros recursos necessários; nada, porém, impede que esse projeto seja utilizado no futuro, quando as condições forem mais favoráveis.

Muitas instituições mantêm arquivos de projetos a serem executados no momento mais conveniente. Não é demais, portanto, ressaltar o quanto é importante que um projeto seja bem elaborado.

7.1 Estrutura de um projeto de pesquisa

Embora possa sofrer algumas modificações em função da área de pesquisa, de critérios do orientador ou da instituição de ensino ou fomento a que se destina o projeto, a estrutura apresentada a seguir pode servir de base para o desenvolvimento de qualquer trabalho científico:

- Tema
- Justificativa do tema
- Objetivo geral
- Objetivo específico
- Formulação do problema da pesquisa
- Formulação da hipótese da pesquisa
- Metodologia da pesquisa
- Definição dos termos da pesquisa
- Bibliografia
- Cronograma
- Custos

Tema

No transcurso de sua vida acadêmica, sempre surgem ideias, dúvidas e curiosidades sobre as quais o aluno, futuro pesquisador, gostaria de conhecer melhor ou desenvolver uma pesquisa, no sentido de contribuir para maior enriquecimento do saber.

Existem disciplinas ou professores que despertam no aluno maior gosto pelo assunto, o que pode levá-lo a buscar conhecimentos mais profundos a seu respeito. A ideia de um trabalho a ser desenvolvido pode partir, exatamente, deste interesse. Como a maioria dos alunos exerce atividades profissionais, essa ideia inicial pode vir dessa sua situação, pois, além de possibilitar o desenvolvimento de um trabalho científico, pode resultar em um grande avanço profissional.

Gostar do assunto a ser desenvolvido é sempre fundamental, pois, quando o trabalho é realizado com prazer, o cansaço transforma-se em alegria, sobretudo em trabalhos cuja execução demanda anos e, às vezes, décadas.

Como já foi dito em capítulos anteriores, o pesquisador deve estar atento ao tempo disponível para a execução do trabalho e, principalmente, ao acesso a informações e dados necessários para o seu desenvolvimento.

É importante que todo trabalho de pesquisa acrescente algo ao saber já existente, pois esta é a característica básica daquilo que se denomina pesquisa científica.

A definição de pesquisa científica como aquela que acrescenta algo ao saber já existente deve ser pensada, pois as disparidades de conhecimento e problemas em termos regionais podem levar o pesquisador a descobrir algo que já tenha sido descoberto nos confins do mundo, mas que, para ele, assim como para a sua comunidade, é desconhecido. Muitas pesquisas desenvolvidas a partir de problemas específicos de determinadas áreas podem parecer estranhas ou insignificantes para outras áreas, cuja problemática seja totalmente diferente.

Não adianta gostar muito do assunto, querer desenvolver um tema para a sociedade e para o saber se não houver condições para executá-lo, em termos de tempo, informações e outros recursos. Portanto, a escolha de um tema para o desenvolvimento de uma pesquisa deve atender a estes objetivos básicos: gostar do assunto, ter acesso a informações e dados necessários, dispor de tempo e outras condições materiais necessárias e que o tema seja de interesse social.

Delimitação do tema

Dependendo da disponibilidade de tempo e outros recursos necessários ao desenvolvimento de uma determinada pesquisa, além da abrangência do tema, às vezes torna-se necessária uma delimitação daquilo que será pesquisado, pois quanto mais abrangente, menor tende a ser a profundidade.

Por exemplo, um estudo do processo inflacionário brasileiro seria bastante abrangente, mas se houver exiguidade de tempo e de recursos, além de interesse do pesquisador, o assunto poderá ser delimitado mediante o enfoque nas causas da inflação no Brasil, deixando-se de lado as suas consequências, as medidas de combate e outros enfoques possíveis. Essa delimitação deverá ser discutida quando da elaboração do projeto, levando-se em consideração os objetivos do trabalho, amplos ou restritos, e as disponibilidades de recursos materiais e humanos.

Nos grandes projetos de pesquisa, a delimitação e as restrições à atuação dos pesquisadores nem sempre são aconselháveis. São projetos que demandam anos e anos para se alcançar o objetivo proposto, como acontece no campo da Engenharia Genética e nas pesquisas para a cura de doenças como a aids.

Em outro exemplo, suponha que o pesquisador inicie sua pesquisa preliminar com o tema: posicionamento de produto. Note o quanto este tema é amplo e com certeza sobram referências bibliográficas com maior ou menor profundidade quanto ao seu desdobramento.

Para delimitá-lo, é preciso estabelecer o que se pretende na realidade mostrar com o desenvolvimento da pesquisa – e o tema delimitado deve possuir o formato com começo, meio e fim.

Exemplo: Estratégias de posicionamento de produtos para a classe C.

No exemplo, o começo do tema está indicado por "Estratégia", enquanto que o meio do tema está em "posicionamento de produtos". O fim do tema ficou em "para a classe C".

O pesquisador pode ser mais específico na delimitação do tema: Estratégias de posicionamento de produtos para a classe C da região do ABC. Pela redação do novo tema, note que o foco é a classe C da região do ABC.

Buscando novo aprofundamento na pesquisa, o tema ficaria assim delimitado: Estratégias de posicionamento de produtos para a classe C da região do ABC na faixa etária de 30 a 40 anos. Pode-se escrever o tema final (título) com vários formatos, mas não se consegue fugir da delimitação ou especificidade que a pesquisa exige.

Justificativa do tema

Como todo pesquisador normalmente trabalha ou é financiado por instituições, ele tem de justificar as razões para a realização do trabalho. Essa justificativa servirá também para justificar as prováveis limitações à proposta de trabalho e pode ser apresentada da forma a seguir:

É importante que, tendo em vista a necessidade de provar a contribuição da pesquisa para o avanço do conhecimento, torna-se necessária a demonstração do estágio atual do tema.

Esse posicionamento atual do tema pode ser feito a partir da apresentação do estudo dos vários autores que tenham trabalhado com o referido assunto, citando-se os avanços ocorridos, assim como o estágio do tema.

Deve-se apresentar também a contribuição e o provável avanço que ocorrerá com o desenvolvimento dessa pesquisa, seja no campo teórico ou no campo prático.

É a partir desse acréscimo ao conhecimento já existente que será definida a execução ou não do projeto.

A justificativa pode ser feita também no sentido de um avanço de ordem pessoal, pois tal avanço do profissional na área acadêmica poderá ser de suma importância na qualidade do futuro trabalho que ele desenvolverá profissionalmente.

Deve ser ressaltada a importância da pesquisa em um contexto mais amplo; muitas vezes, determinados temas só adquirem importância em um contexto maior de situações.

É comum algumas pesquisas servirem para confirmar determinadas realidades, ou encontrar soluções para problemas existentes no dia a dia da pessoa ou da sua comunidade.

Muitos trabalhos são desenvolvidos no sentido de resolver problemas restritos a pequenos grupos ou comunidades que, embora não tenham a repercussão de descobertas científicas, resolvem problemas que não são englobados na generalidade dos casos.

Pode admitir-se, como exemplo, a professora de uma escola perdida nos confins do mundo, que não deve raciocinar em termos de pesquisa e estudos abrangentes, mas ater-se a sua realidade, que pode ser totalmente diferente. Aquela professora, cuidando de jovens nas caatingas do nordeste brasileiro, não deve moldar o seu comportamento com base em pesquisas que não se ajustam a sua realidade.

Objetivo geral

Procura dar uma visão geral do assunto da pesquisa. O pesquisador deve mostrar a importância do assunto, tendo-se em vista o conhecimento geral deste e a temática proposta. Ele deve mostrar a importância do trabalho a ser desenvolvido e sua contribuição para a ampliação do conhecimento geral.

Na exposição do objetivo geral, o pesquisador não deve preocupar-se com a delimitação do tema, que será devidamente especificado quando da discussão do objetivo específico. É importante o pesquisador utilizar, na definição do seu objetivo geral, uma linguagem clara, precisa e perfeitamente adequada àquela que deveria avaliar a viabilidade da execução do trabalho.

Objetivo específico

Intrínseco ao objetivo geral há o objetivo específico que define o ponto central do trabalho. Isto quer dizer que, dentro de uma ideia geral do trabalho, deve ressaltar a ideia específica a ser desenvolvida.

É nessa fase que a amplitude da proposta de trabalho tem a sua delimitação muito bem definida ou o enfoque dado a uma problemática geral. É esta delimitação que possibilita o avanço da pesquisa na sua devida profundidade, pois as generalizações são fatores que acabam impedindo a execução de trabalhos produtivos.

Suponha que o tema tenha sido escrito provisoriamente "Posicionamento de produto" e, agora, ao escrever o objetivo específico, a redação assuma o seguinte formato:

"Mostrar que o posicionamento de produtos para a classe C tem sucesso quando feito com estratégias bem definidas".

Perceba aqui que as delimitações do tema surgiram de forma natural. Logo, o tema pode ser escrito "Estratégias de posicionamento de produtos para a classe C".

Por se tratar de um texto dissertativo, a redação se completa com as estratégias, quais são os produtos, qual o perfil do consumidor e a região de atuação do produto.

Importante: pesquisar (ler) facilita muito na hora de elaborar a redação do seu projeto de pesquisa e da sua monografia, pois o hábito da leitura enriquece o vocabulário e, com isso, criam-se mais argumentos para defender sua proposta.

Formulação do problema da pesquisa

Todo trabalho tem por objetivo dar respostas a determinados problemas ou tornar claras determinadas colocações.

Em uma pesquisa, o problema sempre se apresenta na forma de uma interrogação. É para responder a essa dúvida que será desenvolvido o trabalho. Ela é a razão de ser do trabalho científico, pois determina o objetivo específico. Aproveitando o exemplo dado do tema "As estratégias de posicionamento de produtos para a classe C", o problema de pesquisa será: "Quais fatores exercem mais influência nas estratégias de posicionamento de produtos para a classe C?".

Embora a metodologia científica coloque claramente que o problema da pesquisa é uma pergunta sobre o tema, é comum existirem modelos de projeto de pesquisa propostos e aceitos com a formulação de várias perguntas em torno do tema sugerido para se pesquisar.

Formulação da hipótese da pesquisa

Como já exposto no Capítulo 3, a hipótese da pesquisa nada mais é do que uma provável solução para o problema proposto. É em função da hipótese ou hipóteses estabelecidas que se estrutura todo o caminho a ser percorrido pelo pesquisador.

Essa provável e suposta resposta ao problema pode, no transcorrer do trabalho, não se confirmar. O pesquisador deverá aceitar essa realidade cientificamente comprovada e tentar estabelecer novas hipóteses de trabalho, que poderão também se confirmar ou não.

A seguir, alguns exemplos.

O julgamento do século nos Estados Unidos: O. J. Simpson.

A polícia de Los Angeles trabalhou com a hipótese de que O. J. Simpson era o assassino. Para todos os efeitos, cientificamente essa hipótese, para a polícia, se confirmou, pois ela própria encerrou o caso, contrariando a decisão dos jurados, que não a aceitaram.

Quando o resultado de uma pesquisa não atende às expectativas do financiador, ou seja, as premissas não se confirmaram, a tendência é mandar para a lata de lixo todo o trabalho desenvolvido.

Kepler tentou calcular a órbita do planeta Marte partindo da hipótese de que ela era circular. A observação não permitiu a confirmação da hipótese. Partiu da hipótese de que a órbita era ovoide. Também, neste caso, a hipótese não se confirmou, uma vez que os fatos observados não o permitiram. Uma nova hipótese foi formulada no sentido de que a órbita era em forma de elipse, confirmada pelos fatos.

Além de provar a importância da formulação de hipóteses de trabalho, deve-se ressaltar o quanto é importante a perseverança do cientista na busca da verdade.

Metodologia da pesquisa

O método nada mais é do que o caminho a ser percorrido para se atingir o objetivo proposto. Em função da proposta de trabalho ou da área de concentração da pesquisa, os métodos a serem utilizados podem ser definidos.

É importante ressaltar que existem métodos gerais aplicados a toda espécie de pesquisa e métodos específicos, cuja utilização dependerá da temática proposta ou do trabalho a ser desenvolvido.

Definição dos termos da pesquisa

É importante o pesquisador estar sempre atento ao significado das palavras que serão utilizadas não só na proposta de trabalho, mas também na elaboração do texto final.

Uma palavra pode ter diversos significados em função de sua utilização no texto. Por exemplo:

A rainha é mulher.

É importante verificar as alternativas de significados que a língua oferece, pois rainha pode significar: monarca, humano do sexo feminino, abelha-mestra, figura de carta de baralho.

Caberá ao pesquisador, em função do texto, identificar o significado expresso pelo autor.

O carro voava, comendo estrada.

A palavra voava tem, aqui, o sentido de grande velocidade, e o "comer" significa avançar estrada afora.

O pesquisador deve estar sempre atento também aos termos técnicos, pois nem sempre o significado vulgar é o correspondente na ciência.

Bibliografia

No desenvolvimento de uma pesquisa é grande a utilização de dados e informações das mais variadas origens. O pesquisador já tem relacionado, na forma de um fichário, todas as fontes utilizadas e estas servirão de base para a bibliografia do trabalho.

Nunca é demais acentuar a responsabilidade do autor quanto à fidelidade das informações utilizadas no texto.

As fontes utilizadas podem ser livros, jornais, revistas, periódicos, boletins, ensaios, filmes, entrevistas, seminários e outras fontes de pesquisa. No Capítulo 8 são apresentadas, discutidas e exemplificadas essas diversas formas de indicar as referências bibliográficas de uma pesquisa.

Cronograma

Todo trabalho científico pressupõe um planejamento, que normalmente envolve recursos materiais e humanos, o que vai exigir prazos estabelecidos, tendo-se em vista o acompanhamento durante sua execução.

É importante definir cada fase do trabalho para que prováveis atrasos na execução sejam devidamente corrigidos, pois isso ajudará a constatar se a data estabelecida no cronograma está sendo cumprida ou não.

Um projeto de pesquisa envolve várias etapas e é essencial estabelecer os períodos necessários para a sua execução.

Deve ressaltar-se que toda pesquisa pode ser executada por um elemento ou por um grupo, ocorrendo, neste caso, execução de etapas simultâneas.

Vamos exemplificar as várias etapas de uma pesquisa a seguir.

Elaboração do projeto

A partir da ideia inicial, ponto de partida do trabalho, o pesquisador deverá fazer uma pesquisa preliminar, que servirá de base para a elaboração do projeto. Essa primeira fase é importante no sentido de se ter conhecimento do nível do desenvolvimento do assunto a ser pesquisado.

Cabe ressaltar que a elaboração do projeto pode envolver uma gama enorme de recursos, daí a necessidade de aprovação da ideia inicial para sua conclusão.

Execução do projeto

Após a sua aprovação, o projeto será executado dentro de uma programação preestabelecida; caso o projeto seja de grande amplitude, pode-se lançar mão de um teste, utilizando uma pesquisa-piloto, que terá como finalidade captar eventuais problemas e determinando, muitas vezes, um redirecionamento do trabalho ou sua paralisação.

Cabe frisar que a execução de um projeto terá tantas etapas quantas forem necessárias, tendo-se em vista um melhor acompanhamento e controle. Tais etapas deverão constar do cronograma com os devidos prazos de execução.

No desenvolvimento do trabalho, os dados obtidos, se for o caso, serão codificados e tabulados. Os dados apurados deverão ser devidamente analisados para que levem a uma conclusão a mais precisa possível. A apresentação dos resultados também deve ser tão clara e precisa quanto possível para evitar ambiguidade e falsas interpretações, além de estar sempre subordinada às normas que regem a apresentação de trabalhos científicos.

Na maioria dos projetos os trabalhos são desenvolvidos em equipe, havendo sempre a necessidade de se nomear um coordenador que responderá pelo grupo, propiciando um desenvolvimento harmonioso, pois, quando há grandes nomes envolvidos, é importante não ferir suscetibilidades.

O cronograma envolve datas e etapas de apresentação parcial do relatório com os resultados daquele momento da pesquisa. Apresenta dois parâmetros básicos, que são a data de início do projeto e a data para a entrega, ou seja, do relatório final, sendo esta última negociável de acordo com possíveis dificuldades durante o desenvolvimento da pesquisa. Pode ocorrer coincidência de datas entre as etapas, ou seja, sua execução simultânea.

De acordo com o prazo para execução do trabalho devem ser estabelecidas as respectivas datas para cada etapa. Estas podem ser semanais, mensais, bimestrais ou obedecer prazos maiores, dependendo das características da pesquisa.

A seguir, um exemplo de modelo para a elaboração de cronograma.

O período projetado deve ser apresentado no cronograma com uma linha leve e a sua execução, com uma linha mais forte. Por exemplo, o primeiro período, no qual se nota que a etapa foi concluída antes do prazo.

A apresentação dos relatórios parciais poderá ocorrer logo após o término da execução de cada uma das fases mencionadas, bem como os demais relatórios.

Fases	Jan.	Fev.	Mar.	Abr.	Maio	Jun.	Jul.	Ago.	Set.
Elaboração do projeto de pesquisa	—								
Apresentação do projeto de pesquisa		—							
Alterações no projeto de pesquisa		—							
Execução da 1ª fase da pesquisa			—						
Execução da 2ª fase da pesquisa				—					
Execução da 3ª fase da pesquisa					—				
Levantamento de dados complementares					—	—	—		
Análise dos dados						—	—		
Interpretação dos resultados e conclusão							—		
Redação do relatório final								—	
Revisão e nova redação								—	
Apresentação do relatório final									—

Custos

Toda avaliação de um projeto, tendo-se em vista a sua execução ou não, leva sempre em consideração a relação custo-benefício, ou seja, o financiador quer saber se o resultado a ser obtido vai compensar o valor a ser investido. Daí a necessidade de se fazer um cálculo preciso, sempre que possível, dos gastos a serem efetuados.

Material de uso geral
a) Relacionar as despesas com os materiais de uso geral como: caneta, blocos de anotações, fichas pautadas, régua ou outro material de uso constante durante a elaboração da pesquisa.
b) Uso do computador, mencionar se este é alugado ou se pertence ao pesquisador ou entidade financiadora; mencionar seu custo de utilização.

c) Material bibliográfico, cópias e participação em seminários e palestras devem constar desta relação de material de uso geral e com justificativas no projeto de pesquisa para suaa utilização.

d) Quando necessários, deve indicar-se a necessidade de alugar uma sala para a realização dos trabalhos, bem como outros aparelhos como TV, rádio, projetor de filmes, slides, rádio de comunicação, entre outros.

Gastos com pessoal

a) Relacionar as despesas com pessoal para a realização de pesquisa de campo, ou seja, das pessoas que distribuirão o formulário ou questionário e farão sua coleta posteriormente.

b) Pode-se, ainda, realizar entrevistas em um local fora do perímetro de onde se realiza a tabulação dos dados.

c) Mostrar os gastos decorrentes da contratação de mão de obra de terceiros para a digitação dos relatórios, tanto parciais como o final.

d) Relacionar as despesas com transporte das pessoas envolvidas na pesquisa, inclusive o pesquisador ou coordenador, mencionando o meio que será empregado e o trajeto. Não esquecer de mencionar as refeições e lanches dos envolvidos.

e) Indicar a necessidade de consultas às pessoas envolvidas no processo da pesquisa, mostrando a necessidade do seu parecer para o desenvolvimento dos trabalhos. Pode ser um psicólogo, sociólogo, estatístico, entre outros.

Despesas finais

a) Relacionar as despesas com a elaboração do relatório final da pesquisa.

b) Mencionar o custo com a elaboração de resumos deste relatório, bem como o total de cópias e custo com encadernação.

c) Relacionar outras despesas não previstas ou indicadas neste modelo.

Exemplo:

Material de uso geral

Material	Quantidade x Preço unitário	Total
Caneta		
Lápis		
Régua		
Blocos de anotações		
Fichas pautadas		
Computador[1]		
Material bibliográfico		
Seminários		
Palestras e eventos		
Cópias		
Aluguel de sala		
Projetor de filmes		
TV		
Vídeo		
Fitas de vídeo/filmes/*slides*		
Projetor		
Outros (mencionar)		
Total geral deste grupo		

[1] Observação: Em geral, normalmente o preço é dado em hora/computador.

Gastos com pessoal

Gastos	Preço (por hora/dia/mês)	Total
Coordenador/autor		
Equipe de campo		
Elaboração do questionário		
Consulta a peritos		
Digitação		
Transporte, refeição e lanche		
Total geral deste grupo		

Despesas finais

Despesas finais	Preço x Quantidade	Total
Encadernação do relatório final		
Elaboração de resumos		
Cópias		
Outras despesas (mencionar)		
Total deste grupo		
Total geral (1+ 2+ 3)		

Capítulo 8

Apresentação e aspectos gráficos do trabalho

Como todo trabalho científico é desenvolvido de acordo com normas determinadas, a sua apresentação também deverá revestir-se de todo o rigor exigido.

Esse trabalho denomina-se monografia, que, por definição, é um trabalho escrito, pormenorizado, em que se pretende dar informações completas sobre algum tema particular de um ramo do conhecimento ou sobre personagens, localidades, acontecimentos.

Trabalhos apresentados tendo como objetivo a conclusão de curso de graduação ou disciplinas de cursos de pós-graduação muitas vezes são denominados TCC (Trabalho de Conclusão de Curso). Em trabalhos realizados para obtenção de título de mestre, o aluno faz uma dissertação, que é apresentada na forma de uma monografia. Esta é definida como um trabalho escrito, com o desenvolvimento e a exposição oral de um tema específico. Para obtenção de grau de doutor ou livre-docência é exigida a defesa de uma tese, que, por definição, é uma proposição que se apresenta na forma de monografia para ser discutida e defendida em público.

8.1 Aspectos gráficos da monografia

É de fundamental importância que a apresentação do trabalho científico exponha o conteúdo com toda a clareza possível, ou seja, em linguagem clara e objetiva, sempre fugindo ao vulgar.

A apresentação gráfica do texto deve obedecer às normas definidas segundo a ABNT (Associação Brasileira de Normas Técnicas). Não se deve descuidar também da aparência do trabalho.

O avanço da informática, com seus diversos recursos gráficos e estéticos, e o crescimento na oferta de cursos de graduação com exigência de elaboração de monografias limitaram o espaço nas bibliotecas e a preocupação com a preservação do meio ambiente. Além disso, fizeram com que muitas instituições deixassem de exigir o trabalho impresso e sim no formato digital, porém isso não eliminou as exigências quanto ao formato e aos aspectos gráficos da monografia.

Antes da entrega final, o pesquisador deve apresentar o seu trabalho para uma banca examinadora. Nessa fase, deve imprimir as cópias exigidas pela instituição, e o aspecto gráfico deve ser obedecido para evitar que a banca diminua a nota ou faça objeções tão severas que impossibilitem sua continuidade.

Os cuidados na escolha do papel, com a impressão do texto e a margem empregada são elementos importantes que o pesquisador não deve esquecer nesta fase de elaboração final do seu trabalho. Somam-se a isso os espaçamentos e o tipo de letra; ambos determinam o perfil do pesquisador, com relação à preocupação em apresentar um acabamento impecável da sua monografia.

O tipo de papel a ser utilizado pode variar de acordo com as exigências da instituição à qual o trabalho deverá ser apresentado, mas a utilização de um papel padrão, tanto nas dimensões quanto na qualidade, é aconselhável, tendo-se em vista facilitar a avaliação, quanto à estética.

Embora o mercado tenha uma série de modelos de impressoras, a qualidade da impressão também deve ser objeto de preocupação, principalmente com figuras e gráficos que exigem cor e acabamento estético mais cuidadoso pela própria natureza de sua apresentação. Impressões a *laser* e a jato de tinta permitem uma boa qualidade e durabilidade do texto, possibilitando que este possa ficar em um acervo e ser consultado com a mesma nitidez de qualquer livro, mesmo depois de um longo período.

É importante destacar que as recomendações a seguir representam um padrão aceito pelas normas técnicas, e a instituição pode alterá-las de acordo com o determinado pelo seu comitê científico, mas não deve sugerir alterações que desfigurem a apresentação final do trabalho.

Margem

Sendo o papel A4 (210 mm X 297 mm) o mais comum no mercado, recomenda-se que a elaboração do texto obedeça a um determinado padrão, que deverá ser o mesmo da primeira até a última página, conforme exemplo a seguir.

Não se permite o uso de sinais como barras, asteriscos, aspas, pontos de exclamação para completar a linha e manter a margem direita. Esta margem deve ser mantida com o próprio texto e não com elementos fora dele. Os editores de textos dos computadores fazem isso automaticamente.

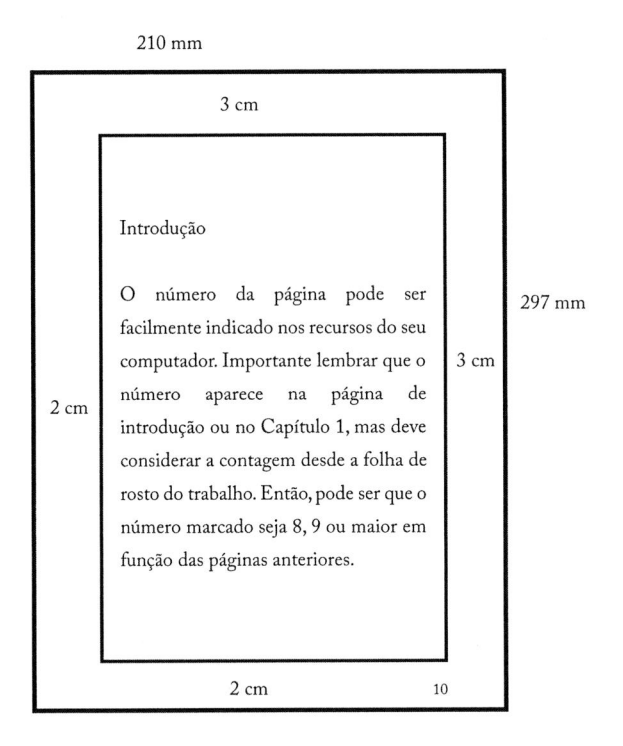

```
                    210 mm
    ┌─────────────────────────────────┐
    │              3 cm               │
    │   ┌─────────────────────┐       │
    │   │ Introdução          │       │
    │   │                     │       │
    │   │ O número da página  │ 297 mm│
    │   │ pode ser facilmente │       │
    │   │ indicado nos recursos│      │
    │   │ do seu computador.  │ 3 cm  │
    │   │ Importante lembrar  │       │
    │2cm│ que o número aparece│       │
    │   │ na página de        │       │
    │   │ introdução ou no    │       │
    │   │ Capítulo 1, mas deve│       │
    │   │ considerar a contagem│      │
    │   │ desde a folha de    │       │
    │   │ rosto do trabalho.  │       │
    │   │ Então, pode ser que o│      │
    │   │ número marcado seja │       │
    │   │ 8, 9 ou maior em    │       │
    │   │ função das páginas  │       │
    │   │ anteriores.         │       │
    │   └─────────────────────┘       │
    │         2 cm          10        │
    └─────────────────────────────────┘
```

Numeração

O número da página deve ser colocado no espaço entre o limite da folha e a margem determinada para o texto, ou seja, não se conta a margem a partir do número da página, pois ele está localizado na própria margem.

Quanto à localização do número na página, ele poderá ficar junto à margem superior ou à margem inferior. Inicia-se a numeração a partir da página de introdução, contando-se as páginas anteriores, conforme exemplo.

Espaçamentos

É importante que o texto fique bem distribuído dentro da página; por essa razão, é necessário manter o espaçamento homogêneo.

Título dos capítulos, partes, subtítulos, início de parágrafos

Pode optar-se entre colocar o título junto à margem esquerda, conhecido como parágrafo americano, ou com deslocamento à direita na primeira linha. Independente da opção do pesquisador, é importante que seja mantido o padrão do início ao fim do trabalho.

a) Parágrafo americano

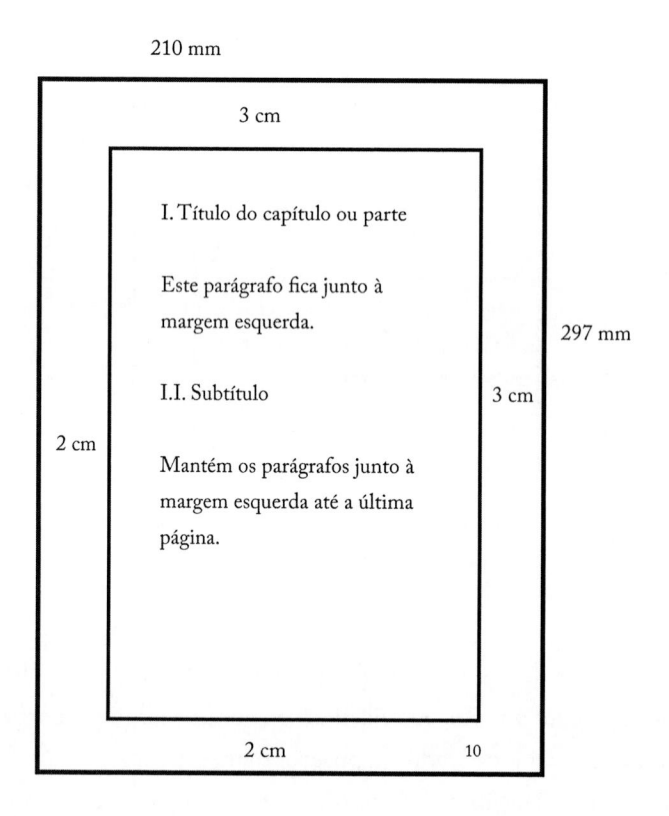

```
                         210 mm
         ┌─────────────────────────────────────┐
         │              3 cm                   │
         │     ┌─────────────────────────┐     │
         │     │ I. Título do capítulo   │     │
         │     │    ou parte             │     │
         │     │                         │     │
         │     │ Este parágrafo fica     │     │
         │     │ junto à margem esquerda.│     │
         │     │                         │ 3 cm│  297 mm
         │     │ I.I. Subtítulo          │     │
         │ 2cm │                         │     │
         │     │ Mantém os parágrafos    │     │
         │     │ junto à margem esquerda │     │
         │     │ até a última página.    │     │
         │     └─────────────────────────┘     │
         │              2 cm        10         │
         └─────────────────────────────────────┘
```

b) Parágrafo central

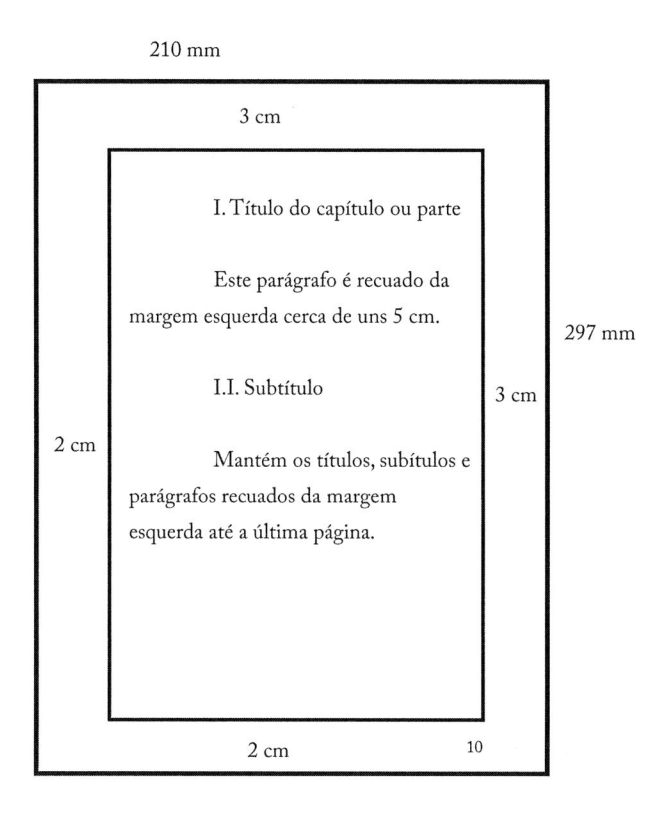

```
                    210 mm
        ┌─────────────────────────┐
        │         3 cm            │
        │  ┌───────────────────┐  │
        │  │ I. Título do capítulo ou parte │
        │  │                   │  │
        │  │ Este parágrafo é recuado da │
        │  │ margem esquerda cerca de uns 5 cm. │
        │  │                   │  │ 297 mm
        │  │   I.I. Subtítulo  │  │
        │  │                   │3 cm
        │2 cm                   │  │
        │  │ Mantém os títulos, subítulos e │
        │  │ parágrafos recuados da margem │
        │  │ esquerda até a última página. │
        │  └───────────────────┘  │
        │      2 cm        10     │
        └─────────────────────────┘
```

O pesquisador poderá utilizar outras medidas para parágrafos, títulos de capítulo, partes, subtítulos; deve, porém, manter a uniformidade estética da primeira à última página.

Entrelinhas e parágrafos

O espaço duplo ou 1,5 espaço entre as linhas do texto é comum nos trabalhos de pesquisa e nas solicitações das instituições. Para que se tenha uma noção mais clara, é importante que este espaço corresponda a 1 cm.

Espaços entre parágrafos, para tabelas, gráficos e figuras

Os espaços entre um parágrafo e outro devem ser proporcionais ao empregado entre linhas, ou seja, podem-se dar dois espaços (duplos ou 1,5 espaço), o correspondente a 2 cm. Embora isso possa ser opção do pesquisador, é importante, porém, que não haja exageros nos espaços se os parágrafos do texto da sua pesquisa forem curtos, ou seja, compostos de duas ou três linhas. Com esses espaços, a estética final da folha da pesquisa vai dar uma ideia de vazio, causando a impressão de que o pesquisador não tem conhecimento sobre o assunto pesquisado ou que estaria disposto a "passar o tempo" com o pouco texto apresentado.

Esse procedimento pode ser adotado para a apresentação das tabelas, gráficos e figuras. Devem-se dar dois espaços (duplos ou 1,5 espaço) do parágrafo para a tabela, e desta para o reinício do parágrafo.

O início de um novo capítulo ou parte tem de estar na página seguinte e os subtítulos na mesma página, seguindo o espaçamento adotado anteriormente. Antes de iniciar o subtítulo, devem-se discutir os principais pontos daquele capítulo ou parte, e não adotar a identificação do subtítulo em seguida à linha do capítulo.

Esses espaços deverão ser utilizados para os subtítulos e início de parágrafo, de tal maneira que a estética do texto produza uma linha vertical imaginária a partir desses elementos.

Outras medidas poderão ser utilizadas para parágrafos, títulos de capítulo, partes e subtítulos, porém deve-se manter a uniformidade estética da primeira à última página.

8.2 Estrutura da monografia

Essa estrutura está sujeita às adequações segundo a instituição, o orientador e, muitas vezes, até o objetivo do trabalho.

Por razões metodológicas e teóricas, a monografia pode ser dividida em três partes:

a) Parte I ou Parte introdutória:
 » Capa.
 » Folha de rosto.

» Folha da ficha catalográfica.
   » Folha do examinador.
   » Folha de dedicatória.
   » Folha de agradecimento.
   » Folha de apresentação.
   » Folha do sumário.
   » Folha da justificativa do tema, problema e hipótese.
b) Parte II ou Desenvolvimento da monografia:
   » Introdução.
   » Desenvolvimento.
   » Conclusão
c) Parte III ou Parte referencial:
   » Bibliografia.
   » Anexo ou apêndice.

A divisão adotada aqui serve para simplificar a exposição metodológica das páginas que integram a monografia. O pesquisador não deve citar tal divisão no seu trabalho final, apenas identificar as páginas.

É importante o pesquisador colocar em prática as margens e os espaçamentos orientados para a redação final da monografia. A seguir, estão os exemplos das diversas páginas que compõem o trabalho.

Capa

O conteúdo dessa página pode ser empregado na "capa dura" ou encadernação espiral das cópias para a banca examinadora. Caso a instituição queira uma cópia para o acervo da biblioteca, além da cópia digital em CD ou DVD, o pesquisador deve dar prioridade para a capa dura no acabamento final e não utilizar a espiral, a qual deixa o trabalho sem a firmeza necessária para ficar no acervo e sem a formalidade que a pesquisa exige.

Esta capa apresenta o nome da instituição junto à margem superior, centralizado, o título da pesquisa no centro da capa e o nome do pesquisador quase próximo à margem inferior.

```
┌─────────────────────────┐
│   Nome da instituição   │
│                         │
│                         │
│                         │
│    Título da pesquisa   │
│                         │
│                         │
│                         │
│   Nome do pesquisador   │
│                         │
└─────────────────────────┘
```

Folha de rosto

Esta é a primeira folha após a capa e tem a finalidade de identificar o destino da pesquisa, ou seja, se é monografia de conclusão de curso, dissertação, tese ou livre--docência, e a que centro de pesquisa pertence o trabalho.

Apresenta o nome do pesquisador junto à margem superior centralizado, título da pesquisa no centro da página, texto de identificação da pesquisa junto à margem direita centralizada na outra metade da folha, formando um retângulo, e local e ano junto à margem inferior, centralizados.

Folha da ficha catalográfica

Para elaborar esta folha, o pesquisador deve buscar os dados complementares na biblioteca da sua instituição, pois ela destina-se à catalogação no acervo e serve de fonte de pesquisa para trabalhos futuros.

Os dados ficarão em um retângulo de 6 cm x 13 cm, próximo à margem inferior, com o nome do autor começando pelo sobrenome, título da obra, grau do trabalho, local e ano. Segue com a parte do trabalho e os subtítulos para catalogação que a biblioteca forneceu. O pesquisador pode se valer do exemplo da ficha catalográfica que está nos livros consultados para a sua pesquisa. Em geral, ela se encontra no verso da segunda página do livro.

```
Nome do pesquisador (começando pelo sobrenome)
Título da pesquisa
Local, ano. Total de páginas.

Monografia apresentada (nome da instituição) para a
obtenção do grau de (citar o nome do curso)

1. Título de catalogação fornecido pela biblioteca. Siga o
que for indicado.
```

Folha do examinador

Para a monografia (TCC, dissertação de mestrado ou teses), esta folha exige a identificação "banca examinadora", que pode ser na metade inferior da folha ou logo na parte superior. Citar o nome completo e grau de titulação dos componentes da banca, evitando abreviaturas.

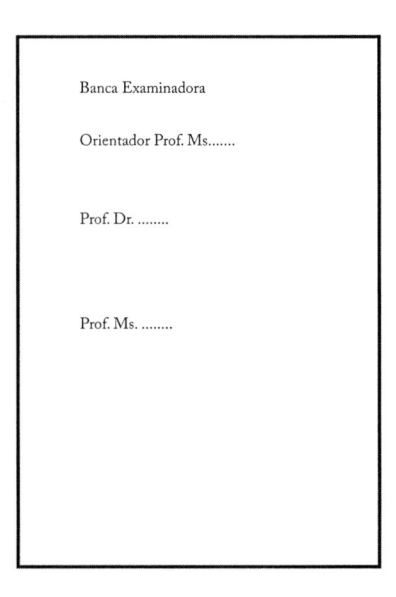

```
Banca Examinadora

Orientador Prof. Ms.......


Prof. Dr. ........


Prof. Ms. ........
```

Folha de dedicatória

O pesquisador utiliza esta página para homenagear pessoas queridas na sua vida ou para inserir uma frase ou citação de texto de igual valor; portanto, ele decide colocar ou não esta página, porém, como é um trabalho marcante na vida do pesquisador e importante para aqueles que o acompanharam na vida pessoal, torna-se quase uma obrigação citar as pessoas do seu convívio íntimo e familiar. Normalmente, o texto fica próximo à margem inferior direita.

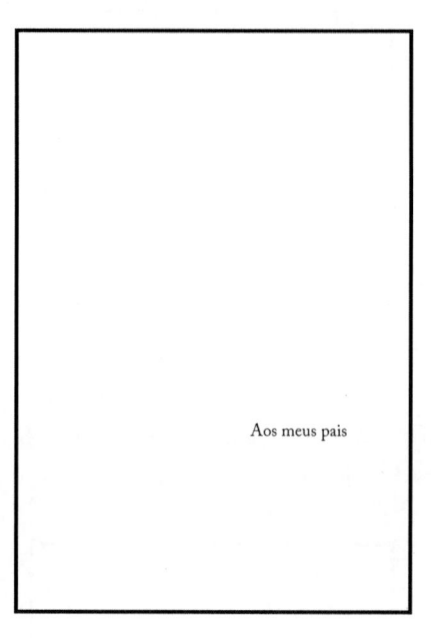

Aos meus pais

Folha de agradecimento

Aqui, figura o agradecimento para o examinador ou orientador, professor que tenha contribuído para a pesquisa, instituição ou centro de pesquisa, biblioteca, pessoa que tenha entrevistado e digitadores; enfim, destina-se aos colaboradores diretos da pesquisa e que não tenham ligação afetiva com o pesquisador, pois estes já foram mencionados na página da dedicatória. Em geral, são os agradecimentos para aqueles que contribuíram diretamente para o desenvolvimento da pesquisa.

O texto da folha de agradecimento fica na metade inferior da folha, distribuído de tal maneira que forme um parágrafo, como o exemplo a seguir.

> Agradeço aos professores pelas orientações dadas e ao pessoal da biblioteca pela presteza nas informações e recursos.

Folha de apresentação

Deve conter as informações gerais sobre o assunto pesquisado, sem o compromisso de se aprofundar neste ou naquele tópico. O pesquisador deve elaborar uma redação simples e procurar responder à pergunta: Sobre o que é a pesquisa?

Nos livros, essa folha aparece com o título de prefácio e, normalmente, é escrita por outra pessoa que tenha feito parte do círculo de amizade e conhecimento do autor. Na monografia e em outros trabalhos acadêmicos, é o próprio pesquisador quem a escreve em pelo menos uma página, evitando prolongar-se, apenas apresentando o assunto.

É importante lembrar que o título dessa página é posicionado junto à margem superior e marca o espaçamento para os parágrafos, títulos e subtítulos daqui para frente. Se o pesquisador colocar o título da página "apresentação" em parágrafo americano, isso equivale a dizer que todos os outros títulos seguirão esse espaçamento até a última página; se iniciar com a opção pela identificação centralizada na margem superior, os outros deverão ficar na mesma posição.

Sumário

Todo trabalho científico pressupõe organização. O sumário tem por função apresentar de forma detalhada o conteúdo do assunto desenvolvido e tem como objetivo maior facilitar o trabalho do leitor, principalmente de pesquisadores que, na execução da leitura preliminar, terão facilidade na identificação dos assuntos do seu interesse.

Em geral, os trabalhos de pesquisa adotam a divisão do assunto por capítulos ou partes, seguidos de subdivisões ou subtítulos, sendo que o subitem é a subdivisão do capítulo, e o capítulo a subdivisão da parte. O título dessa página fica na margem superior no espaçamento empregado na folha de apresentação pelo pesquisador, no caso de ter sido empregado o parágrafo americano.

Observação: o sumário é o título normalmente utilizado na maioria das obras, tanto para apresentar o conteúdo como também a sua localização no texto, pois contém a numeração das páginas; neste caso, exerce também o papel de índice.

É comum a utilização de índices na parte final dos trabalhos para a localização de assuntos, tabelas, gráficos e figuras; por exemplo, pode ser incluído um índice remissivo que apresenta os assuntos tratados em ordem alfabética e o número da página ou páginas em que aparecem, pois um assunto pode aparecer em mais de uma.

Exemplo:

Sumário

                                                      Página

Introdução..

Capítulo 1: Esgotos..

        1.1. Origem...

        1.2. Características...

              1.2.1. Físicas..

              1.2.2. Químicas..

              1.2.3. Biológicas..

Capítulo 2: Técnica de recuperação de lagos e reservatórios......................
        2.1. Processos mecânicos..
        2.2. Processos químicos...
        2.3. Processos biológicos..
        (Obs.: seguem os demais capítulos)
Conclusão
Bibliografia
Anexos ou apêndices

É comum o pesquisador iniciante ter dúvidas quanto à distribuição do assunto em capítulos ou partes; não só quanto à quantidade, mas também no que diz respeito à ordem de desenvolvimento do trabalho, ou seja, a sequência lógica da exposição do assunto.

A distribuição do assunto no sumário, a divisão em capítulos ou a divisão em partes deve seguir, como já foi dito, uma sequência lógica. Utilizando o exemplo anterior, cujo tema é "Da poluição ao tratamento das águas", o primeiro passo a ser realizado é a identificação e discussão do objeto do trabalho que é a poluição (esgoto) com suas respectivas características. Nesse capítulo, deve ser apresentado tudo aquilo que se refere a esgoto, ficando evidenciadas as características que constituem a sua subdivisão.

Seguindo o mesmo raciocínio, verifica-se que, no Capítulo 2, "Técnica de recuperação de lagos e reservatórios", são apresentadas e discutidas todas as técnicas existentes que o pesquisador pretende desenvolver no seu trabalho.

Percebe-se que este capítulo terá tantas subdivisões quantas forem as técnicas a serem pesquisadas. Os demais capítulos deverão ser elaborados dentro da mesma linha de raciocínio, ou seja, ter conteúdo que permita dar uma resposta consistente ao problema, que é a proposta da pesquisa.

A quantidade de capítulos e de páginas do trabalho será estabelecida em função da profundidade que se pretende, não esquecendo das limitações, normalmente existentes, quanto a recursos materiais e humanos. Essas limitações já foram devidamente analisadas quando da elaboração e aprovação do projeto.

Como o sumário exerce a função de índice, pois nele constam os números das páginas do trabalho completo, deve ser elaborado só no final, ou seja, depois da redação de todo o trabalho.

Introdução

Embora venha logo no início do texto, ou seja, antes dos capítulos, o seu desenvolvimento é feito durante a elaboração do trabalho ou após a sua conclusão (Eco, 1989).

Esse texto deverá ter como objetivo fundamental responder a três questões:

1) Por quê?

O pesquisador deve apresentar de forma sucinta, mas completa, os objetivos já definidos no seu projeto, ou seja, ressaltando todos os aspectos relevantes do trabalho. Trata-se, na verdade, de justificar o porquê da pesquisa, apresentar o estágio atual do assunto, mostrar sua contribuição para o avanço deste conhecimento.

Deverão ser ressaltadas as limitações do trabalho em função de obstáculos que não puderam ser superados.

2) Como fazer?

Deve ser apresentada de forma bem clara a metodologia desenvolvida na pesquisa. O pesquisador deve ressaltar fontes bibliográficas e o uso de pesquisa de campo e de laboratório, deixando bem clara a qualidade dos recursos envolvidos no trabalho.

Deve ressaltar ainda a natureza dos dados, quanto ao seu grau de certeza e quanto à atualização ou não das informações utilizadas.

A introdução deve apresentar, de forma sucinta, o conteúdo do trabalho na sequência do sumário, com destaque para os aspectos mais relevantes. Não deve apresentar opiniões conclusivas, assuntos não abordados e dados não trabalhados para não criar uma falsa expectativa no provável leitor.

3) Para quem?

O autor deve deixar bem claro, em função do seu conteúdo, a quem se destina o trabalho, considerar a área do conhecimento humano a que se refere e o nível de conhecimento dos eventuais interessados no desenvolvimento posterior do assunto, pois para cada área do conhecimento existe linguagem específica, assim como existem níveis de interpretação diferentes.

Desenvolvimento

O roteiro do trabalho a ser seguido pelo pesquisador é definido a partir da hipótese ou hipóteses, ou seja, a partir da provável, ou prováveis, respostas ao problema, objeto da pesquisa.

Esse roteiro foi estabelecido racionalmente, em função de características próprias e lógicas do assunto pesquisado. É evidente que, no desenvolvimento da pesquisa, possam ocorrer alterações no sumário previsto, com a criação de subtítulos e, eventualmente, criação de novos capítulos ou eliminação de outros.

É importante que o conteúdo apresentado nos vários capítulos ou partes permita dar uma resposta consistente ao problema proposto inicialmente, quando da realização e aprovação do projeto de pesquisa.

Como se trata de um trabalho científico, ou seja, um trabalho que pretende contribuir para o avanço do conhecimento, é importante que o conteúdo dessa parte esteja calcado em trabalhos de autores reconhecidos no meio científico e que signifique um maior grau de confiabilidade para a conclusão.

No desenvolvimento de qualquer trabalho científico sempre existem autores com ideias conflitantes com a hipótese de trabalho definida pelo pesquisador. Neste caso, caberá a ele, em função do objeto do trabalho e respaldado também por autores de reconhecido saber, utilizar tais argumentos para sustentar sua hipótese.

Não só a competência, mas principalmente a honestidade do pesquisador é fator condicionante para uma determinada tese ter condições de ser aceita. A humildade e o respeito às ideias oponentes são também condições necessárias para a obtenção do resultado esperado. A aceitação de críticas também pode levar o autor a uma reflexão mais profunda acerca do assunto, dando ao seu trabalho mais credibilidade junto ao meio científico.

Nas discussões dessas críticas e contradições, o pesquisador cria condições não só para o avanço da ciência, mas também para o seu próprio crescimento, porque permite o surgimento de novas ideias, novos termos, reforçando seus argumentos. Ter a mente aberta pode não ser suficiente para obtenção do sucesso, mas é condição necessária.

Os gregos já se preocupavam com as formas de exposição das ideias e elaboração de discursos. Para Platão, todo discurso deve ser formado como um ser vivo, ter o seu próprio organismo, cabeça, pés e órgãos interiores. Para tanto, todo discurso deve conter as seguintes partes:

a) Preâmbulo.
b) Exposição e testemunhos a ela referentes.
c) Provas.
d) Probabilidades.
e) Recapitulação.

Todo discurso parte de uma discussão dos elementos que compõem o seu objeto. Na sequência, será feita uma exposição com os testemunhos envolvidos, suas respectivas provas apoiadas em um suplemento de provas para confirmar o que foi exposto, mediante a utilização do processo dedutivo.

Cabe ressaltar também que o provável deve ser mais respeitado que o verdadeiro. Para encerrar, deve-se fazer uma recapitulação de tudo que foi exposto para que se tenha ideia do conjunto.

Percebemos, então, o quanto é importante saber estruturar a exposição de um texto; ou seja, tudo tem início, meio e fim.

Conclusão

A conclusão de um trabalho científico nada mais é do que a resposta ao problema que deu origem à pesquisa.

O pesquisador deverá, na sua conclusão, utilizar como argumentos o conteúdo de tudo aquilo que foi apresentado nos vários capítulos.

É importante que estes argumentos sejam apresentados em toda sua plenitude e consistência, pois de nada adiantam argumentos apresentados de forma insuficiente e que acabam por invalidar um trabalho muito bem desenvolvido.

Se, eventualmente, a pesquisa não permitir a confirmação da hipótese, ela poderá servir de base para o desenvolvimento de outros trabalhos e de novas ideias, que poderão transformar uma resposta negativa em um ponto de partida para futuras pesquisas e busca de novas verdades.

Bibliografia

A qualidade de um trabalho científico pode muitas vezes ser avaliado, a priori, a partir de uma verificação de sua bibliografia, não só no seu aspecto quantitativo, mas principalmente no qualitativo.

A bibliografia pode ser composta por livros, jornais, revistas, boletins, ensaios, entrevistas, seminários, filmes, periódicos e outras fontes de pesquisa, que deverão obedecer à orientação para referência bibliográfica desenvolvida no Capítulo 8.

Anexos e Apêndices

Essas partes se destinam às informações complementares da pesquisa, que podem ser: projetos de lei, decretos, reportagens, tabelas, gráficos, figuras, modelos de notas, formulários e questionários. São informações necessárias ao bom entendimento do texto, mas que por razões técnicas não foram inseridas, ou seja, distribuídas nos vários capítulos.

Apêndices

São informações desenvolvidas pelo próprio autor, nessa pesquisa ou em outros trabalhos. Neste caso, se o pesquisador criou questionários ou formulários para a sua pesquisa, deve acrescentá-los como apêndice. No caso de entrevista, o procedimento deve ser idêntico.

Anexos

Nos anexos serão colocadas todas as informações complementares não produzidas pelo autor, tais como: projetos de lei, decretos, gráficos, tabelas, recortes de jornal e revista, dados estatísticos. É importante que o autor faça as devidas referências aos apêndices e anexos, citando-os no desenvolvimento do texto ou em nota de rodapé.

8.3 Apresentação de tabelas e gráficos

Todo trabalho científico deve sempre apresentar da forma mais metódica possível o resultado de uma pesquisa; daí a necessidade da elaboração de tabelas, que têm como objetivo mostrar não só o conjunto de dados, mas também e, principalmente, a relação entre eles. Além de facilitar a visualização dos elementos da pesquisa, as tabelas são utilizadas também como base para os mais variados cálculos estatísticos e gráficos demonstrativos.

Como o objetivo da tabela é apresentar as informações da pesquisa de forma clara e simples, não se deve utilizar nelas um número muito grande de variáveis, pois, ao invés de facilitar, isso poderia complicar a interpretação dos dados. Não se deve fechar a tabela nas laterais direita e esquerda por causa do dinamismo dos dados informados. Quando isso é feito, muda-se a denominação para quadro.

Tabelas

Toda tabela deve conter:

Título: (deve ser o mais completo possível)

Cabeçalho: indica o que mostra a coluna

Corpo da tabela: é o cruzamento das linhas e colunas

O rodapé da tabela é composto por:
Fonte: indica a origem dos dados. Quando se transcreve de um livro, jornal ou outra fonte, estes já possuem uma fonte que, para o pesquisador, não interessa, pois a sua fonte é o livro, jornal ou de onde ela esteja transcrevendo os dados.
Nota: é empregada para comentar qualquer informação da tabela. Deve-se numerar o dado que se deseja comentar.

Numeração

A numeração na tabela tem como objetivo facilitar a sua localização. Esta pode ser em ordem crescente até o término da pesquisa ou em ordem crescente por capítulo. Quando se tratar de uma pesquisa muito extensa e com grande número de tabelas, a melhor opção será a numeração por capítulo. Exemplos:

- Numeração por capítulo e crescente: Tabela 1.1, o primeiro número é o do capítulo e o segundo número é o da Tabela; Tabela 1.3, mostra que é a Tabela 3 do Capítulo 1.

- Numeração crescente para o trabalho todo: neste caso, a numeração da tabela é crescente até o final da pesquisa, como por exemplo: Tabela 1, Tabela 2, ... Tabela 15, independente do capítulo.

Tabela 8.1 – Variações percentuais no preço do frango

Preço médio	Variações	Percentuais	
	No dia	Em 7 dias	Em 10 dias
R$ 0,90	5,88	5,88	5,88
US$ 1,06	5,76	5,76	4,51

Fonte: *Folha de S.Paulo*, 08/12/1994, p. 6.
Nota: Preço na granja por quilo vivo no Estado de São Paulo.

Para facilitar aos professores e estudiosos de metodologia, seguem alguns comentários acerca dos itens que devem constar em uma tabela.

Título

Deve ser o mais completo possível e sintetizar o conteúdo da tabela. Caso o título da tabela tenha sua origem em um questionário, cite o título na forma direta e não na forma interrogativa.

Cabeçalho

No cabeçalho devem ser denominados os elementos das variáveis que serão apresentadas nas respectivas colunas. Esses títulos utilizados para cada uma delas devem ser muito breves, para não ser necessário o uso de letras pequenas. O pesquisador nunca deve descuidar-se de uma boa apresentação do trabalho.

Coluna indicadora ou coluna matriz

É nesta coluna que serão devidamente especificados os elementos que compõem o corpo da pesquisa. Cada item dessa coluna apresenta, no sentido horizontal, os elementos de cada uma das colunas.

Corpo da tabela

No corpo da tabela estão os elementos que o autor quer representar, coluna por coluna, segundo a especificação da coluna matriz.

Fonte

Colocada abaixo da tabela, indica o autor direto de onde foram extraídas as informações.

Na utilização de tabelas extraídas de obras consultadas, deve-se citar o autor e não a fonte registrada na tabela por este autor consultado.

Nota

A nota é utilizada para complementar o dado informado. Essas notas são colocadas no rodapé da tabela com a respectiva numeração colocada nos elementos da tabela. É importante frisar que um excesso de notas normalmente funciona como complicador.

Algumas situações na apresentação da tabela

Quando uma tabela não couber em uma página, deve-se dar sequência a ela na página seguinte colocando-se a expressão "continua..." no final da parte a ser complementada e "continuação..." acima da parte complementar da tabela.

Exemplo:

Tabela 8.2 – O tempo para a agricultura

	8/12	9/12	10/12	11/12
Campinas (SP)	Nublado	Nublado	Ensolar.	Ensolar.
Sorocaba (SP)	Nublado	Nublado	Ensolar.	Ensolar.

continua...

continuação...

Rib. Preto (SP)	C. Fraca	C. Fraca	Nublado	Ensolar.
Itapeva (SP)	C. Fraca	Nublado	Nublado	Ensolar.
Bauru (SP)	Nublado	Nublado	Nublado	Ensolar.
Avaré (SP)	C. Fraca	Nublado	C. Fraca	Ensolar.
S.J. do Rio Preto (SP)	C. Fraca	C. Fraca	Nublado	Ensolar.
Assis (SP)	C. Fraca	Nublado	Nublado	Ensolar.
Pres. Prudente (SP)	C. Fraca	Nublado	Nublado	Ensolar.
S.J. dos Campos (SP)	Nublado	Nublado	Ensolar.	Ensolar.
Taubaté (SP)	Nublado	Nublado	Ensolar.	Ensolar.
Guaratinguetá (SP)	Nublado	Nublado	Ensolar.	Ensolar.
Londrina (PR)	Nublado	Ensolar.	Ensolar.	Ensolar.
Maringá (PR)	Nublado	Ensolar.	Nublado	Nublado
Campo Mourão (PR)	Ensolar.	Ensolar.	Ensolar.	Ensolar.
Cascavel (PR)	Ensolar.	Ensolar.	Ensolar.	Ensolar.
Pato Branco (PR)	Ensolar.	Ensolar.	Ensolar.	Ensolar.
Castro (PR)	Ensolar.	Ensolar.	Ensolar.	Ensolar.
Machado (MG)	C. Fraca	Nublado	Nublado	Ensolar.
Uberaba (MG)	C. Fraca	Nublado	Nublado	Ensolar.
Campo Grande (MS)	C. Fraca	Nublado	Nublado	Ensolar.
Nova Andradina (MS)	C. Fraca	Nublado	Nublado	Ensolar.
Dourados (MS)	C. Fraca	Nublado	Nublado	Ensolar.
Rio Verde (GO)	C. Fraca	Nublado	Nublado	Ensolar.

Fonte: *Folha de S.Paulo*, 08/12/94, p. 6.
Nota: Chuva fraca: 1,0 a 9,0 mm;
Chuva Moderada: 10,0 a 30,0 mm;
Chuva forte: acima de 30,0 mm.

Pode ocorrer também que uma tabela, em razão do grande número de colunas, não permita a apresentação na posição vertical, motivo pelo qual deve ser colocada na forma horizontal obedecendo ao sentido horário do texto. Exemplo:

Tabela 8.3 – Esperança de vida ao nascer, por sexo, seguindo as Grandes Regiões (1980/2005)

Grandes Regiões	Esperança de vida ao nascer, por sexo											
	1980			1991			2000			2005		
	Total	Homens	Mulheres	Total	Homens	Mulheres	Total	Homens	Mulheres	Total	Homens	Mulheres
Brasil	62,5	59,6	65,7	66,9	63,2	70,9	70,4	66,7	74,4	72,1	68,4	75,9
Norte	60,8	58,2	63,7	66,9	63,7	70,3	69,5	66,8	72,4	71,0	68,2	74,0
Nordeste	58,3	55,4	61,3	62,8	59,6	66,3	67,2	63,6	70,9	69,0	65,5	72,7
Sudeste	64,8	61,7	68,2	68,8	64,5	73,4	72,0	67,9	76,3	73,5	68,5	77,7
Sul	66,0	63,3	69,1	70,4	66,7	74,3	72,7	69,4	76,3	74,2	70,8	77,7
Centro-oeste	62,9	60,5	65,6	68,6	65,2	72,0	71,8	68,4	75,3	73,2	69,8	76,7

Fonte: Projeto IBGE/Fundo de População das Nações Unidas – UNFPA/BRASIL (BRA/02/P02), População e Desenvolvimento: Sistematização das Medidas e Indicadores Sociodemográficos Oriundos da Projeção da População por Sexo e Idade, por Método Demográfico, das Grandes Regiões e Unidades da Federação para o Período 1991/2030.

Outra situação muito comum é uma tabela com um número muito grande de colunas e com poucas linhas. Neste caso, ela pode ser desdobrada em várias partes e colocada uma na sequência da outra, repetindo-se a coluna indicadora. Veja o exemplo da Tabela 8.4.

Pode ocorrer de o pesquisador precisar elaborar tabelas com um grande número de linhas e poucas colunas. Neste caso, tendo-se em vista a parte estética do trabalho, a coluna indicadora deve ser dividida em várias colunas que serão colocadas lado a lado. A separação entre as colunas deve ser feita com dois traços. Veja o exemplo da Tabela 8.5.

Tabela 8.4 – Percentual de nascidos vivos, por grupos de idade da mãe, segundo as Unidades da Federação de residência da mãe (2006)

Unidades da Federação de residência da mãe	Percentual de nascidos vivos, por grupos de idade da mãe (%)								
	10 a 14	15 a 19	20 a 24	25 a 29	30 a 34	35 a 39	40 a 44	45 a 49	50 anos e mais	Idade ignorada
Rondônia	1,2	24,9	34,9	23,2	10,7	4,1	1,0	0,1	0,0	0,0
Acre	1,7	25,8	31,5	22,2	11,6	5,4	1,5	0,2	0,0	0,0
Amazonas	1,5	25,6	32,0	22,0	11,8	5,5	1,5	0,2	0,0	0,0
Roraima	1,9	24,0	32,3	21,3	13,0	5,7	1,5	0,1	0,1	0,0
Pará	1,6	27,7	35,3	20,5	9,5	4,1	1,2	0,1	0,0	0,0
Amapá	1,3	26,0	31,8	21,7	12,2	5,5	1,5	0,1	0,0	0,0
Tocantins	1,5	26,9	34,1	22,3	10,1	4,1	1,0	0,1	0,0	0,0
Maranhão	1,6	27,9	36,7	20,0	8,6	4,0	1,2	0,1	0,0	0,0
Piauí	1,1	24,9	34,9	22,0	10,7	4,9	1,4	0,1	0,0	0,0
Ceará	1,1	21,5	29,9	23,0	14,3	7,7	2,3	0,2	0,0	0,0
Rio Grande do Norte	1,1	22,4	30,2	23,1	13,9	7,4	1,9	0,1	0,0	0,0
Paraíba	1,0	22,2	31,3	23,6	13,6	6,3	1,9	0,1	0,0	0,0
Pernambuco	1,0	22,4	31,1	23,5	13,6	6,4	1,8	0,2	0,0	0,0

continua...

Tabela 8.4 – Percentual de nascidos vivos, por grupos de idade da mãe, segundo as Unidades da Federação de residência da mãe (2006) (continuação)

Unidades da Federação de residência da mãe	Percentual de nascidos vivos, por grupos de idade da mãe (%)								
	10 a 14	15 a 19	20 a 24	25 a 29	30 a 34	35 a 39	40 a 44	45 a 49	50 anos e mais	Idade ignorada
Alagoas	1,2	24,6	32,3	22,0	12,3	5,7	1,7	0,2	0,0	0,0
Sergipe	1,0	21,1	29,7	23,8	14,6	7,6	2,0	0,2	0,0	0,0
Bahia	1,2	23,2	31,7	22,9	12,7	6,3	1,8	0,2	0,0	0,0
Minas Gerais	0,6	18,2	28,6	25,4	16,4	8,4	2,3	0,1	0,0	0,0
Espírito Santo	0,8	19,8	29,8	25,5	15,1	7,2	1,7	0,1	0,0	0,0
Rio de Janeiro	0,8	18,3	27,7	25,3	16,9	8,5	2,3	0,2	0,0	0,0
São Paulo	0,6	16,2	27,1	25,9	18,6	9,3	2,3	0,1	0,0	0,0
Paraná	0,9	19,8	27,5	24,6	16,8	8,3	2,0	0,1	0,0	0,0
Santa Catarina	0,7	17,6	27,7	25,2	17,4	8,8	2,4	0,2	0,0	0,0
Rio Grande do Sul	0,8	17,6	25,9	23,8	18,0	10,6	3,2	0,2	0,0	0,0
Mato Grosso do Sul	1,3	22,9	31,3	24,0	13,3	5,8	1,3	0,1	0,0	0,0
Mato Grosso	1,3	23,9	33,2	24,0	11,9	4,6	1,0	0,1	0,0	0,0
Goiás	0,9	21,3	32,2	25,4	13,5	5,4	1,1	0,1	0,0	0,0
Distrito Federal	0,5	14,9	27,8	27,1	18,6	8,8	2,1	0,1	0,0	0,0

Fonte: Ministério da Saúde, Sistema de Informações sobre Nascidos Vivos 2006.

Tabela 8.5 – Prevalência de incapacidade funcional em mobilidade dos idosos, por grupos de idade, em ordem crescente, segundo os municípios das capitais (2000)

Municípios das capitais	Prevalência de incapacidade funcional em mobilidade dos idosos, por grupos de idade, em ordem crescente (%) 60 a 69	Municípios das capitais	Prevalência de incapacidade funcional em mobilidade dos idosos, por grupos de idade, em ordem crescente (%) 70 a 79	Municípios das capitais	Prevalência de incapacidade funcional em mobilidade dos idosos, por grupos de idade, em ordem crescente (%) 80 ou mais
São Paulo	12,3	São Paulo	21,5	São Paulo	38,4
Florianópolis	16,1	Florianópolis	26,3	Boa Vista	41,3
Curitiba	16,2	Rio de Janeiro	26,8	Cuiabá	44,4
Rio de Janeiro	16,3	Vitória	27,0	Florianópolis	45,2
Porto Velho	16,4	Curitiba	27,1	Macapá	45,6
Belo Horizonte	17,1	Belo Horizonte	28,2	Curitiba	45,8
Campo Grande	17,1	Porto Alegre	29,0	Porto Velho	46,9
Porto Alegre	17,5	Campo Grande	30,1	Rio de Janeiro	47,0
Vitória	18,1	Belém	30,5	Goiânia	47,8

continua...

Tabela 8.5 – Prevalência de incapacidade funcional em mobilidade dos idosos, por grupos de idade, em ordem crescente, segundo os municípios das capitais (2000) (continuação)

Palmas	18,6	São Luís	31,4	Belo Horizonte	47,8
Cuiabá	18,7	Salvador	31,5	Campo Grande	48,9
São Luís	19,0	Brasília	31,5	Manaus	49,3
Brasília	19,2	Cuiabá	31,8	Porto Alegre	49,6
Fortaleza	19,4	Fortaleza	31,8	Brasília	50,1
Goiânia	19,4	Boa Vista	32,0	São Luís	50,3
Belém	19,6	Porto Velho	32,2	Salvador	50,6
Boa Vista	20,2	Goiânia	32,5	Vitória	50,6
Rio Branco	21,1	Recife	33,5	Fortaleza	51,3
Natal	21,2	Natal	34,2	Palmas	52,0
Recife	21,5	Manaus	35,1	Belém	54,1
João Pessoa	21,6	Rio Branco	35,2	Natal	55,0
Salvador	21,8	Macapá	35,6	Recife	56,0
Manaus	22,4	Aracaju	35,9	João Pessoa	56,1
Aracaju	22,9	João Pessoa	36,6	Maceió	57,3
Teresina	23,2	Teresina	37,2	Aracaju	57,7
Macapá	25,5	Maceió	38,2	Rio Branco	58,2
Maceió	25,9	Palmas	47,1	Teresina	62,6

Fonte: IBGE, Censo Demográfico 2000.

Tabela simples

São aquelas em que se trabalha com apenas uma dimensão, ou seja, apenas uma entrada.

Tabela 8.6 – Variação de vendas de DVDs de um filme (dados em %)

Filme	Maio	Junho	Julho
A Rocha	5	10	20
Bolt	8	14	29

Fonte: Elaborado pelo autor com base em dados simulados.

Tabelas complexas

São aquelas em que os dados são apresentados em mais de uma dimensão, ou seja, possuem mais de uma entrada.

Tabela 8.7 – Número de equipamentos de diagnóstico por imagem selecionados e variação no período, segundo o tipo de equipamento (Brasil, 1999/2005)

Tipo de equipamento	Número de equipamentos de diagnóstico por imagem selecionados					
	Total			Variação no período (%)		
	1999	2002	2005	2005/1999	2002/1999	2002/2005
Total	32.789	35.386	39.254	19,7	7,9	10,9
Mamógrafo com comando simples	1.490	1.888	2.542	70,6	26,7	34,6
Raio X para densitometria óssea	780	932	1.034	32,6	19,5	10,9

continua...

continuação...

Tipo de equipamento	Número de equipamentos de diagnóstico por imagem selecionados					
	Total			Variação no período (%)		
	1999	2002	2005	2005/ 1999	2002/ 1999	2002/ 2005
Raio X para hemodinâmica	355	451	537	51,3	27,0	19,1
Ressonância magnética	285	433	549	92,6	51,9	26,8
Tomógrafo computadorizado	1.515	1.617	1.961	29,4	6,7	21,3
Ultrassom *doppler* colorido	3.921	4.638	6.185	57,7	19,3	33,4
Ultrassom ecógrafo	7.579	7.211	8.057	6,3	(-) 4,9	11,7

Fonte: IBGE, Pesquisa de Assistência Médico-sanitária 1999/2005.

Gráficos

Tão importante quanto a veracidade das informações é sua forma de apresentação. Como já foi sugerido no Capítulo 5, todo pesquisador enfrenta a exiguidade de tempo para a execução do trabalho; já na fase da pesquisa preliminar, quando se faz uma leitura exploratória, tendo em vista a seleção do material que mais lhe convém, a visualização gráfica será de grande valia.

Assim como o pesquisador sente-se influenciado pela obra, que mediante gráficos e tabelas apresentam de forma imediata um grande número de informações, da mesma forma o seu trabalho, utilizando a mesma técnica, vai influenciar prováveis futuros leitores ou pesquisadores.

Muitas vezes o pesquisador encontra dificuldades para exprimir de forma discursiva as suas ideias, mas com a utilização de gráficos e tabelas elas poderão tornar-se mais compreensivas, ou seja, facilita-se tanto a exposição das ideias como um melhor entendimento por parte do leitor.

É importante que tabelas, gráficos e outros instrumentos colocados no texto tenham uma efetiva função, no sentido de reforçar os argumentos. Não se admite a utilização destes recursos simplesmente para enfeitar o texto.

Com os recursos disponíveis na informática, a apresentação digital de textos ganha contornos cinematográficos, como o leitor pode ver ao visitar as informações do Censo 2000 em <http://www1.folha.uol.com.br/cotidiano/censo_2010-graficos.shtml>. Se acessar o *link*, o leitor poderá navegar por todas as informações disponíveis passando o *mouse* sobre uma localidade no mapa e terá na tela o mapa com todas as informações disponíveis sobre o quesito consultado. Mesmo com a entrega no formato digital exigida pelas instituições, ainda não é possível incluir tais efeitos nas informações de sua pesquisa.

Gráfico linear

Esse tipo de gráfico é comumente utilizado quando se pretende colocar em evidência o comportamento de duas variáveis, sendo uma na ordenada e outra na abcissa.

Gráfico 8.1 – Tipo de transporte utilizado no deslocamento das pessoas

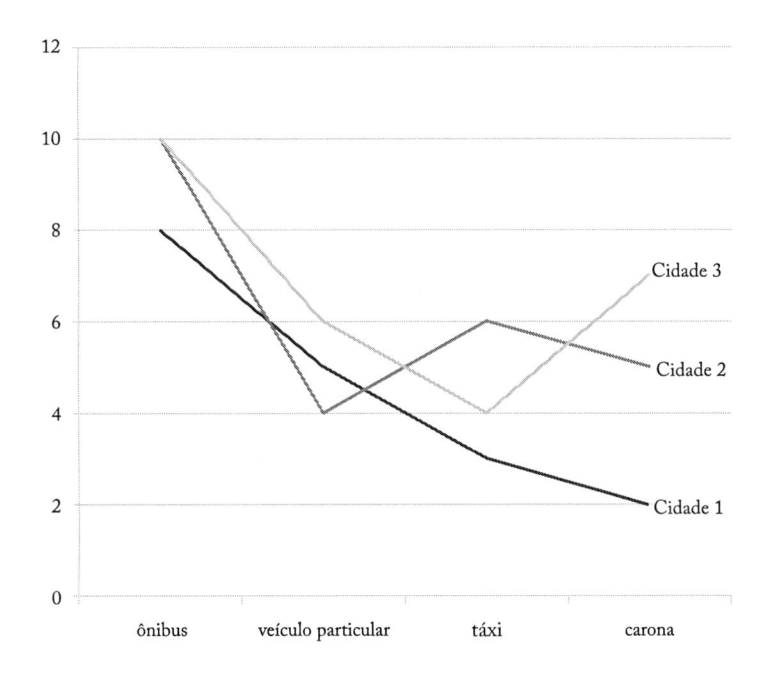

Fonte: Elaborado pelo autor com simulação de dados.

Esse gráfico é construído da seguinte forma:

Na ordenada, eixo *y* do plano cartesiano, foram colocados os valores relativos ao número de pessoas que usam um dos tipos de transporte para o seu deslocamento; na abcissa, eixo *x* do plano cartesiano, foram colocados os tipos de veículos encontrados nas respostas dadas pelos entrevistados. Para traçar a linha representativa da Cidade 1, fez-se a indicação dos pontos cartesianos correspondentes que representassem o número de pessoas e o tipo de veículo usado no seu deslocamento. É possível construir o gráfico com o emprego dos recursos disponíveis no computador que tratam da construção e apresentação de gráficos.

Gráfico 8.2 – Comparação entre as principais bolsas de valores

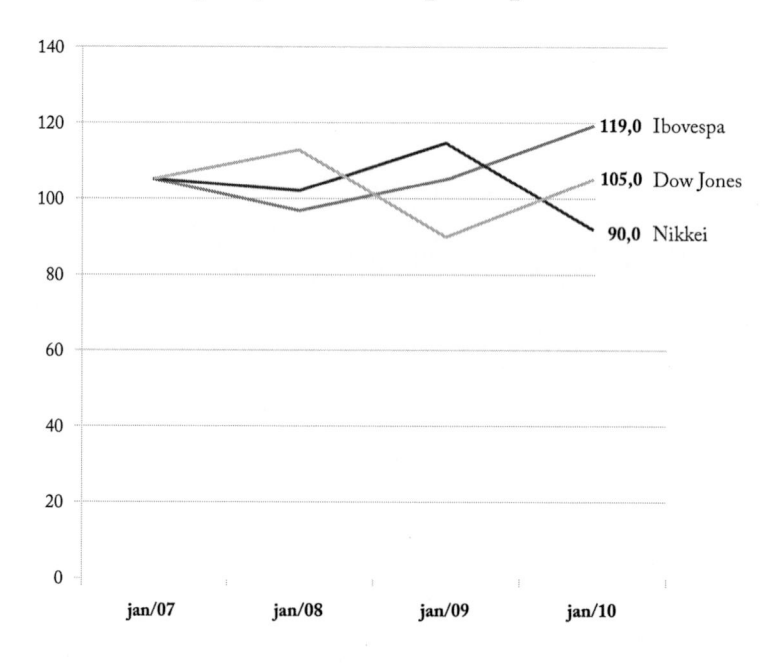

Ao analisar o comportamento das linhas, a diferença entre elas é evidenciada pelos picos de quedas e altas indicados pelos valores correspondentes aos pontos que cada uma representa.

Na elaboração do texto, o pesquisador pode perfeitamente discutir as causas e consequências de tal variação, de acordo com a proposta de trabalho.

Com certeza o pesquisador já se deparou com gráficos mostrando o comportamento de números-índices na bolsa de valores, nas variações de salários e preços, por exemplo. Isso é possível porque se estabelece um período base como sendo igual a cem e, a partir daí, a sua variação percentual ao longo do tempo e a informação ganham destaque com os contornos das linhas envolvidas.

Este gráfico vai permitir ao pesquisador chegar a uma série de conclusões, entre elas, a de que ao longo do período em análise o índice Ibovespa apresenta uma evolução em comparação aos outros índices apresentados ou de que os investidores perceberam o potencial da economia brasileira e aumentaram os seus negócios.

Gráficos de colunas

O gráfico de coluna tem a forma de um retângulo com base no eixo horizontal, a abcissa (x), cuja altura é determinada pelo valor correspondente no eixo perpendicular, a ordenada (y). Nesse eixo são expressos os valores das frequências de classes.

Gráfico 8.3 – Preferência por uma determinada cor pelo entrevistado

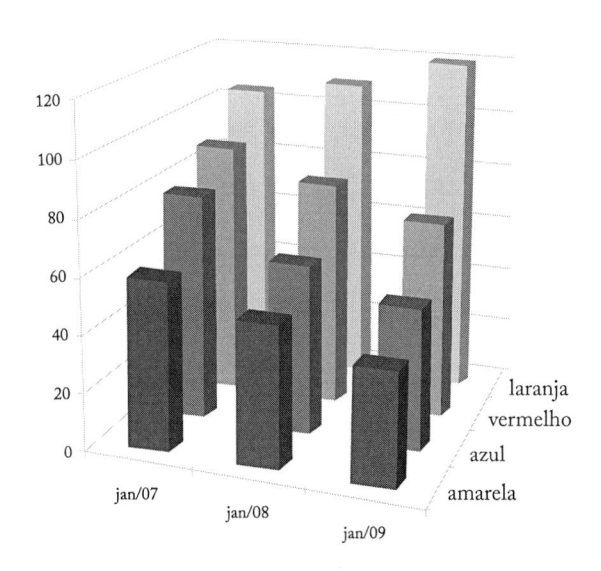

Percebe-se que as colunas são construídas com sua base na linha horizontal representando a cor preferida do entrevistado. A altura da coluna será determinada em função dos valores expressos no eixo vertical, a ordenada (y), que se refere ao número de respostas obtidas para cada cor.

O pesquisador, com a utilização desse gráfico, demonstra claramente qual a cor que mais agrada o entrevistado e a que menos o agrada em cada um dos períodos. Ele pode tirar conclusões, inclusive sem sequer atentar para os valores apresentados na coluna, pois a altura delas já evidencia os resultados.

Como se pode verificar, é grande o número de informações que podem ser expressas em um mesmo gráfico. É evidente que o pesquisador deverá ter muito cuidado, pois um excesso de informação, ao invés de facilitar, pode tornar-se um complicador e dificultar o entendimento do texto.

Gráfico de barras

O gráfico de barras é constituído mediante a utilização do eixo vertical, a ordenada (y), como base para o retângulo ou barra. A extensão da barra será estabelecida em função dos valores expressos no eixo horizontal, a abcissa (x).

Gráfico 8.4 – Preferência por uma determinada cor pelo entrevistado

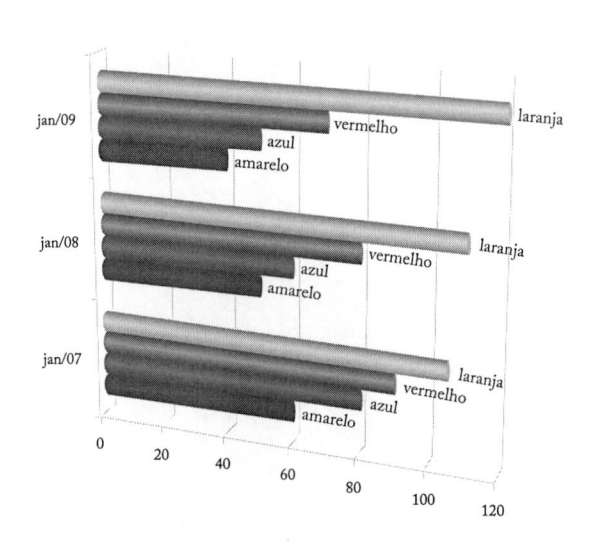

Aqui está representada a mesma informação do gráfico de colunas para o leitor poder comparar e verificar qual dos gráficos pode dar mais destaque à informação da sua pesquisa.

Gráficos de setores

Quando a intenção é demonstrar o todo e suas respectivas partes, o gráfico de setores é o ideal. A sua construção se faz a partir de um círculo que representa o todo, isto é, os 100% que serão iguais aos 360° desta circunferência. É importante que os 100% sejam divididos em partes correspondentes a cada uma das partes ou setores do círculo.

Admita-se que os 100% das vendas de uma empresa sejam distribuídos da seguinte forma:

Vendas	Percentual de participação
Eletrodomésticos	40%
Confecções	20%
Alimentos	40%

Como 100% das vendas representam os 360° da circunferência, a determinação dos setores será feita da seguinte forma: Calculam-se 40% de 360° e obtém-se o setor correspondente ao eletrodoméstico, no caso 144°. Seguindo o mesmo raciocínio, o setor correspondente ao de confecções será 20% de 360°, que é igual a 72°. O total de graus, correspondentes aos alimentos é 144°.

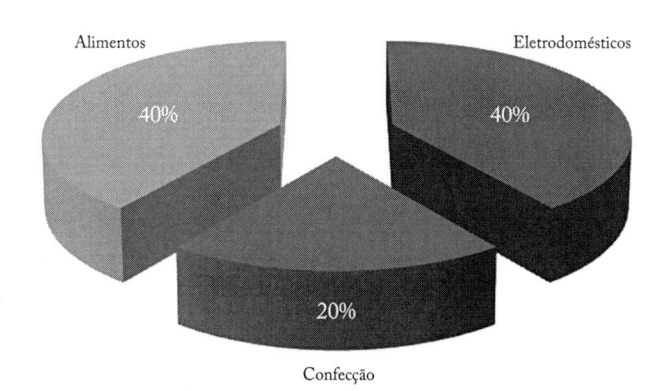

A tabela pode servir de base para a construção do gráfico desejado. O importante é, antes de tudo, que o pesquisador tenha sensibilidade para escolher aquele tipo de gráfico que melhor evidencia a situação desejada.

Cartogramas de gráficos

Quando se pretende fazer uma associação entre mapas geográficos e informações estatísticas, utiliza-se o cartograma. Pode-se, em um mapa, associar as mais variadas informações estatísticas, que podem ser representadas em gráficos de colunas, barras, setores e curvas, como no exemplo apresentado a seguir.

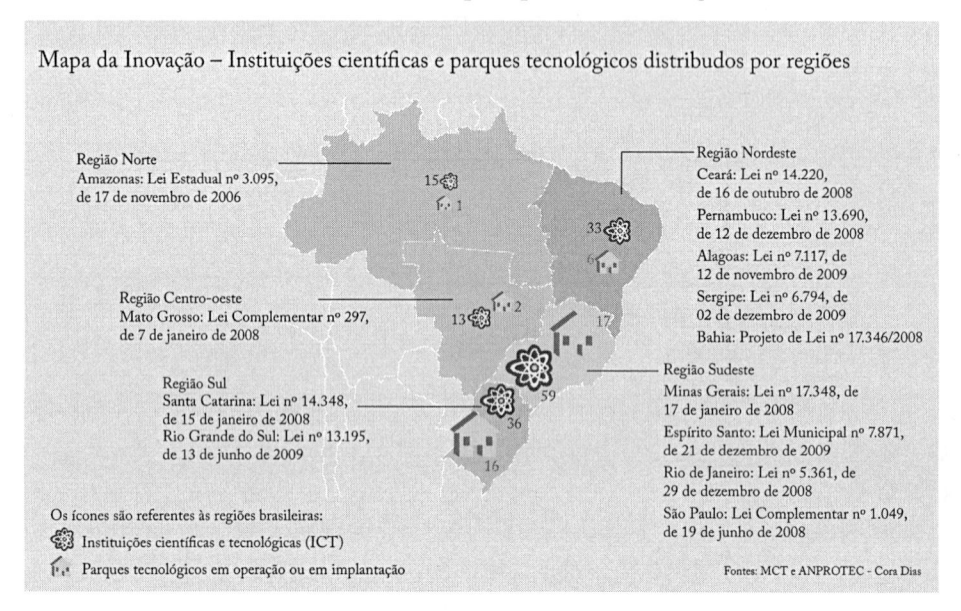

Mapa da Inovação – Instituições científicas e parques tecnológicos distribudos por regiões

Região Norte
Amazonas: Lei Estadual nº 3.095, de 17 de novembro de 2006

Região Centro-oeste
Mato Grosso: Lei Complementar nº 297, de 7 de janeiro de 2008

Região Sul
Santa Catarina: Lei nº 14.348, de 15 de janeiro de 2008
Rio Grande do Sul: Lei nº 13.195, de 13 de junho de 2009

Região Nordeste
Ceará: Lei nº 14.220, de 16 de outubro de 2008
Pernambuco: Lei nº 13.690, de 12 de dezembro de 2008
Alagoas: Lei nº 7.117, de 12 de novembro de 2009
Sergipe: Lei nº 6.794, de 02 de dezembro de 2009
Bahia: Projeto de Lei nº 17.346/2008

Região Sudeste
Minas Gerais: Lei nº 17.348, de 17 de janeiro de 2008
Espírito Santo: Lei Municipal nº 7.871, de 21 de dezembro de 2009
Rio de Janeiro: Lei nº 5.361, de 29 de dezembro de 2008
São Paulo: Lei Complementar nº 1.049, de 19 de junho de 2008

Os ícones são referentes às regiões brasileiras:
- Instituições científicas e tecnológicas (ICT)
- Parques tecnológicos em operação ou em implantação

Fontes: MCT e ANPROTEC - Cora Dias

Fonte: http://desafios2.ipea.gov.br/sites/000/17/edicoes/65/pdfs/rd65not06.pdf

Pictórico

Nada impede que o pesquisador utilize a sua criatividade no sentido de colocar em evidência situações, para ele, de grande importância. O exemplo mostra a queda do comércio de aço com dados multiplicados por mil toneladas, partindo-se de um valor mais baixo do lado esquerdo do pictórico, pico de 190 até a queda de 95 mil toneladas do lado mais baixo do gráfico.

Gráfico 8.5 – Queda do comércio de aço em mil toneladas

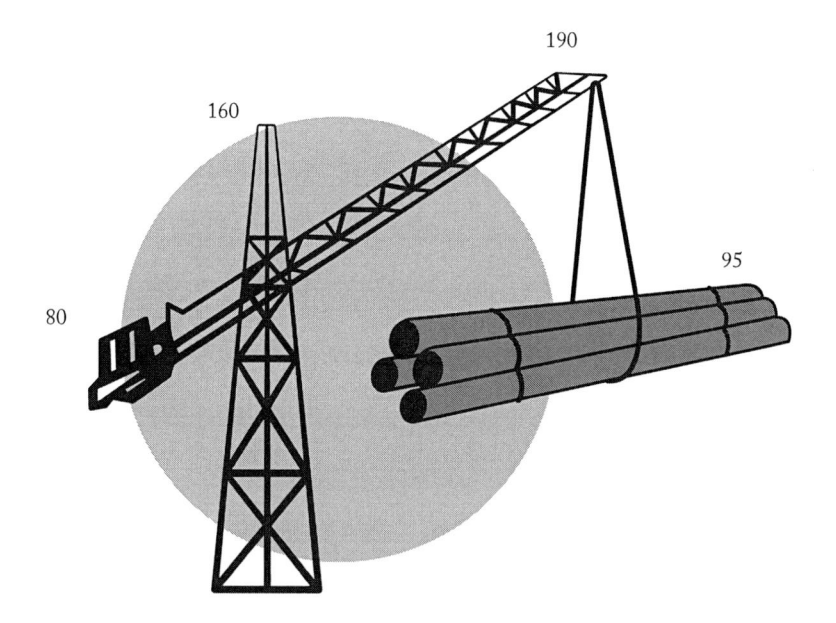

Fonte: Elaborado pelo autor com base em *clipart*.

8.4 Notas de rodapé

Nem sempre é permitido que, durante a elaboração do texto, todas as informações e observações necessárias sejam relatadas pelo pesquisador, pois pode ser que a interrupção do texto, para acréscimo de uma informação que não esteja diretamente relacionada ao contexto naquele momento, não seja pertinente, prejudicando o desenvolvimento da argumentação.

As notas de rodapé têm como objetivo suprir as necessidades do autor em relação àquelas informações que, se inseridas no texto, poderiam quebrar o seu desenvolvimento lógico.

Normas gerais

As notas de rodapé devem ser empregadas em situações específicas.

É importante o pesquisador citar o autor das ideias específicas utilizadas na defesa de seu argumento. Essa citação tem como finalidade permitir ao leitor consultar a fonte original, tanto para confirmar a veracidade das informações como para buscar um conhecimento mais profundo do que está sendo tratado.

As notas de rodapé, além de permitirem ao leitor descortinar novos horizontes, mostram a profundidade no desenvolvimento do texto, indicando o grau de abrangência do assunto e de conhecimento do pesquisador. Essas informações adicionais são colocadas ao pé da página, respeitando-se a margem inferior de 2 cm, e são devidamente diferenciadas do texto pelo tipo de impressão utilizada, normalmente menor que o do resto do texto. Cada nota de rodapé corresponde a uma numeração anotada no texto. Esta identificação é feita com números arábicos (1, 2, 3,...) em ordem crescente, normalmente para cada capítulo, embora a numeração possa ser crescente para a obra toda.

As notas de rodapé são separadas do texto mediante a utilização de um traço leve de aproximadamente 5 cm, a partir da margem esquerda (Parra Filho, 1995).

Nem sempre é aconselhável admitir determinados termos e conceitos como subentendidos. O objetivo principal é evitar falsas interpretações do que está sendo exposto, apresentando-os de forma bem clara como nota de rodapé.

É importante frisar que não se trata simplesmente de apresentar na nota de rodapé termos e conceitos, principalmente técnicos e específicos, mas sim tudo aquilo que poderá evitar que o leitor tenha uma interpretação diferente daquela esperada pelo pesquisador.

Havendo necessidade de considerações complementares para o bom entendimento do texto e para não truncar o raciocínio do leitor, essas considerações devem ser colocadas no rodapé. Para o pesquisador, essas informações complementares são partes de sua ideia, mas nem sempre o leitor tem o mesmo nível de conhecimento, daí a necessidade do complemento. Em um trabalho de pesquisa, nada de importante deve ficar subentendido.

Quando se utilizam ideias de autores de língua diferente da língua do pesquisador, pode-se apresentar no próprio texto a citação na língua original com os correspondentes comentários ou apresentar os comentários e citar no rodapé o texto original.

Como utilizar as notas de rodapé

Quando a nota de rodapé diz respeito à referência bibliográfica, devem ser anotados os seguintes elementos: nome do autor, começando pelo primeiro nome e destacando-se o sobrenome em letras maiúsculas, título da obra e a página, separados por vírgula. As demais informações a respeito da obra, como editora, local, ano, entre outras, serão encontrados na bibliografia geral.

[1]Johann HESSEN, *Teoría del conocimiento*, p. 96.

Quando há várias notas de rodapé referentes a um mesmo autor utiliza-se a expressão latina *idem*, que tem como abreviatura *id*. Esta expressão significa: o mesmo autor já citado na nota anterior.

[2]Idem, *La Filosofía de la religión del neokantismo*, p. 20.

Quando a citação a ser feita diz respeito à mesma obra já referida, a expressão utilizada é *ibidem*, cuja abreviatura é *ib*., que significa: a mesma obra.

[3]Ib; p. 21.

Existem expressões muito utilizadas, como é o caso de *op. cit.* (na obra citada), seguida do nome do autor, que serve para designar a mesma obra já citada anteriormente. Quando se utilizam várias obras do mesmo autor, torna-se difícil para o leitor identificar qual delas está sendo citada.

[4]Op. cit.; JOHANN, Hessen, p. 65.

Quando se tratar de citação de informações de dados de outro autor, constante da fonte de consulta utiliza-se a expressão *apud*, abreviatura *ap*.; que significa citação de outro autor pelo autor da obra consultada.

Na nota de rodapé, coloca-se a expressão *apud*; depois, o nome do autor citado na obra consultada.

Como exemplo, texto retirado da obra *Teoría del conocimiento*, de J. Hessen:

"... Esta posición, fundada por Herbert Spencer (1820 a 1903), afirma la incognoscibilidad de lo absoluto. La que mejor podría conservarse sería la denominación de "escepticismo ético". Mas, por lo regular, nos encontramos aquí ante la teoría que vamos a conocer en seguida "Bajo el nombre de relativismo". (p. 44)

A citação referente a Herbert Spencer do texto anterior, no rodapé, será feita da seguinte forma:

---

[5]Herbert SPENCER apud Johann HESSEN, *Teoría del conocimiento*, p. 44.

Quando o autor consultado é autor de parte ou capítulo de uma obra, sua indicação em nota de rodapé é feita da seguinte forma:

---

[6]Karl JASPERS in Antonio G. BIRLÁN, *Conciencia y conocimiento*, p. 54.

A expressão *in* mostra que o texto de Jaspers faz parte desta obra, que reúne também outros autores.
É comum que tal situação ocorra nas publicações de trabalhos científicos, ou seja, em uma revista com contribuições ou textos de vários cientistas.
Utiliza-se a expressão latina *passim*, que significa "em diversas páginas" ou "em vários pontos da obra", não sendo, portanto, necessária a citação das respectivas numerações das páginas, uma vez que o elemento do texto utilizado é citado ao longo da obra.
A citação na nota de rodapé é feita da seguinte forma:

---

[7]Karl JASPERS, *Manual de Philosophia*, passim.

É comum na elaboração de um texto a citação de um autor na própria composição do parágrafo; neste caso, no rodapé, serão citados a obra e o número da página.

"Segundo Hessen,[8] el subjetivismo y el relativismo son, en el fondo, escepticismo. Pues tambiém ellos niegan la verdad, si no directamente, como el escepticismo; indirectamente, atacando su validez universal."

---

[8] *Teoría del conocimiento*, p. 47.

A numeração das chamadas para a nota de rodapé obedeceu à sequência dos exemplos apresentados.

8.5 Citações

Em função das facilidades proporcionadas pela grande disponibilidade de informação na internet e dos recursos viabilizados pelo computador, o pesquisador não deve cair na tentação de praticar o "copia e cola", pois isso se configura plágio e há leis federais em torno do assunto.

Para corroborar os argumentos do pesquisador durante a elaboração de trabalhos científicos, é comum a utilização da citação de parte do texto que tem o único objetivo de provar ou reforçar ideias defendidas pelo pesquisador.

As citações, quando de autores de renome, servem não somente para enriquecer o trabalho, mas principalmente para conferir maior credibilidade aos argumentos do pesquisador.

Como no desenvolvimento da pesquisa são elaboradas as fichas de documentação, nessa fase utiliza-se o seu conteúdo para a transcrição no texto final.

O pesquisador pode copiar literalmente, ou seja, palavra por palavra, ou transcrever as ideias que permitam o entendimento fiel do texto original. A fonte utilizada deve ser sempre mencionada no próprio parágrafo ou em nota de rodapé, seguindo os critérios já expostos.

Como proceder no caso das citações
Citação direta

Neste caso, a reprodução do texto é feita fielmente, palavra por palavra, entre aspas, obedecendo inclusive aos eventuais erros de grafia do autor citado, em cuja indicação é utilizado o termo *(sic)*, que significa: escrito assim. Esse termo serve também para indicar algo que o pesquisador considere necessário mudar.

Exemplo de cópia fiel do texto de Kant, com traços e barras utilizadas pelo autor:

> "A verdade é a propriedade objetiva do conhecimento; o juízo, através do qual algo é representado como verdadeiro – a relação com um entendimento e, por conseguinte, com um sujeito particular – é subjetivamente o assentimento." (Kant, 1992, p. 83.)

Veja a seguir alguns exemplos de emprego do *sic*.

> "Não se pode falar de uma teoria do conhecimento em uma disciplina filozófica *(sic)*, independentemente, nem na antiguidade e nem na idade média".

Observa-se que a citação foi fiel ao texto do autor consultado, inclusive com o erro de grafia indicado pelo termo *sic*. O pesquisador não pode, de forma alguma, alterar aquilo que foi transcrito de outra obra. Preste atenção ao ler o jornal, revista ou assistir ao noticiário nas citações feitas pelos jornalistas; esse termo aparece com certa frequência para dar veracidade ao que está sendo informado a respeito do assunto.

> "... suas observações e comentários gerais, bem como os especiais, que se referem, inicialmente, ao texto do compêndio nos diversos *(sic)*..." (Kant, 1992, p. 19.)

Nessa situação, o termo *sic* foi utilizado para indicar algo estranho no texto que poderia, eventualmente, alterar o sentido do texto citado.

Citação dentro de citação

No caso de mais de uma citação no texto colocado entre aspas, transformam-se estas em apóstrofos, ou seja, uma citação dentro de outra citação.

Exemplo:

"O que eu entendo é que as palavras: '*existência absoluta das coisas sem o pensamento*'. Não tem sentido ou são contraditórias."

Citação incompleta ou com trechos não apresentados

A supressão de partes do texto de uma citação pode exigir do pesquisador alguns esclarecimentos, sendo estes colocados entre colchetes, que podem ainda ser empregados para comentários do pesquisador a respeito da citação.
Exemplo:

"A globalização da Economia, fator de progresso para alguns e instrumento de dominação para outros, continua sua marcha irreversível [*o problema acaba sendo essencialmente ideológico*]."

As considerações feitas pelo pesquisador dentro dos colchetes devem estar ao longo do texto da citação, sempre que necessário.

Quando se suprimem palavras no início, no meio ou no fim de texto consultado, utilizam-se reticências no início, reticências entre parênteses e reticências no final.
Exemplo:

"... a Filosofia da natureza está no mais florescente dos estados, e entre os investigadores da natureza encontram-se grandes nomes (...) Newton. Quanto aos filósofos mais recentes; não é a rigor possível citar nomes destacados e duradouros, porque aqui tudo está, por assim dizer, em fluxo ..."

O pesquisador deve utilizar esta técnica quando for necessário eliminar trechos do texto, mas sem comprometer o entendimento do assunto.

Grifos

O destaque de trechos ou palavras do texto citado literalmente pode ser feito mediante a utilização de grifos. Estes podem ser na forma de negrito, itálico ou sublinhado, mas devem estar seguidos da expressão "grifo nosso" ou "grifo meu". Essa expressão é colocada entre parênteses ou após a citação.

Exemplo:

"Não é de tudo que podemos ter uma *certeza racional*; mas, onde podemos tê-la, temos que preferi-la à *empírica*" (grifo nosso).

Citação de texto em outro idioma

O pesquisador deve ter em mente que o trabalho científico tem de ser escrito em uma só língua. Quando houver a citação de texto em língua estrangeira, este deve ser traduzido no próprio texto escrito pelo pesquisador. Se houver interesse, o texto na língua original poderá ser mencionado na nota de rodapé.

Exemplo:

"O admitir ou rechaçar um conhecimento intuitivo junto ao discursivo-racional, depende, antes de tudo, de como se pensa sobre a essência do homem." (J. Hessen, 1938, p. 116).[1]

O original do texto escrito em outra língua que não a do pesquisador deve ser colocado na nota de rodapé para confirmar a autenticidade do texto. Exemplo do texto apresentado acima na sua língua original e em nota de rodapé:

---

[1]"El admitir o rechazar um conocimiento intuitivo junto al discursivo-racional, depende ante todo de como se prense sobre la esencia del hombre."

8.6 Referência bibliográfica

Todo trabalho científico envolve uma gama enorme de elementos utilizados na busca do objetivo da pesquisa. Esses elementos podem ser livros, artigos científicos, documentos, jornais, revistas, filmes, monografias, entre outros. As fontes devem ser citadas, segundo as normas da ABNT, no item que trata das normas para trabalhos científicos. Essas informações bibliográficas permitirão a confirmação das informações, o aprofundamento do estudo mediante a utilização das obras citadas, a avaliação da profundidade do trabalho e, inclusive, a idade das informações ou ideias que são utilizadas para sustentar os argumentos do pesquisador.

É muito importante que fique bem clara a atualização das informações ou ideias utilizadas para sustentar os argumentos do pesquisador.

Nunca é demais frisar a importância da honestidade do pesquisador quando da elaboração da bibliografia, não sonegando-se dados nem extrapolando-os, ou seja, com a inclusão de obras que não foram consultadas.

Como se trata de um trabalho científico, tudo deve ser feito metodicamente; daí a importância da elaboração de um fichário bibliográfico das obras que serviram para a coleta de dados do pesquisador.

Embora nas notas de rodapé e nas citações já tenham sido apresentadas as informações bibliográficas necessárias de obras e autores, estas deverão também ser relacionadas na bibliografia final, segundo os critérios estabelecidos.

Elaboração da folha de referência bibliográfica

Todas as obras, ou seja, livros, revistas, artigos científicos, documentos, jornais, entre outros, deverão ser ordenados alfabeticamente pelo sobrenome do autor, quando este for conhecido; no caso de publicações que não tenham autoria, deve--se citar o órgão responsável pelas informações utilizadas.

Se houver necessidade, respeitando-se a ordem alfabética estabelecida, as obras devem ser ordenadas segundo o ano de publicação, começando-se pelas mais velhas.

Livros e assemelhados

Os dados a serem utilizados serão os da ficha catalográfica que aparece no verso da folha de rosto. Quando tal ficha não existir, caberá ao pesquisador obter as informações necessárias de outras partes da obra, como exemplo, da capa.

Veja a seguir os elementos essenciais de uma referência bibliográfica.

Autor da obra
Cita-se o sobrenome, todo em maiúsculo, seguido de vírgula, e o prenome, seguido de ponto. Exemplo:

HESSEN, Johann.

Quando tratar-se de uma obra com mais de um autor, a citação de autoria será feita da seguinte forma:

a) Com dois autores
Cita-se o sobrenome, todo em maiúsculas, seguido de vírgula; prenome seguido de ponto-e-vírgula, o sobrenome do segundo autor, todo em maiúsculas, seguido de vírgula, e o prenome seguido de ponto. Exemplo:

PARRA FILHO, Domingos; SANTOS, João Almeida.

b) Com três autores
Cita-se o sobrenome do primeiro autor, todo em maiúsculas, seguido de vírgula, prenome seguido de ponto-e-vírgula; sobrenome do segundo autor, todo em maiúsculas, seguido de vírgula, prenome seguido de ponto-e-vírgula; e o sobrenome do terceiro autor, todo em maiúsculas, seguido de vírgula, o prenome seguido de ponto. Deve ser respeitada a ordem de citação dos autores constantes na obra original. Exemplo:

CASTRO, Paulo; SOUZA, Antônio Carlos; CARVALHO, José.

c) Quando houver mais de três autores, cita-se o primeiro autor, conforme as regras anteriores, seguido da expressão "et alii", que é abreviada "et al.", e significa "e outros". Exemplo:

ALVES, Pedro Chavier et al.

Título da publicação
O título da obra deve ser citado tal qual aparece na publicação. Para que haja destaque do título, utiliza-se a escrita em itálico ou negrito. Exemplo:

KANT, Immanuel. *Lógica*.

Tratando-se de um título muito extenso, palavras podem ser suprimidas, desde que a supressão não incida sobre as primeiras e não altere o sentido ou substitua esta supressão. Indica-se por reticências. Exemplo:

MARTINS, Joel; CELANI, Maria Antonieta Alba. *Subsídio para a redação de tese de mestrado e de doutoramento.*
Com a supressão, o título terá a seguinte redação:
MARTINS, Joel & CELANI, Maria Antonieta Alba. *Subsídio para a Redação de Tese...*

Se for necessário, nada impede que se façam acréscimos ao título, com o objetivo de torná-lo mais claro. Este acréscimo deve ser feito entre colchetes.

Da mesma forma, quando houver necessidade de acrescentar a tradução, em vernáculo, esta deve figurar entre colchetes. Exemplo:

HESSEN, Johann. *Teoria del conocimiento.* [Teoria do conhecimento].
KANT, Immanuel. *Lógica.* [Biblioteca Tempo Universitário; 93. série estudos alemães].

Edição
Utilizando os elementos da ficha catalográfica, da folha de rosto ou da capa, a edição deverá ser citada em algarismo(s) arábico(s); se for o caso, seguidos de ponto e da abreviatura da palavra "edição". Exemplo:

FRANCA, Leonel. *Noções de história da filosofia.* 16. ed. rev.

A palavra edição abreviada deverá ser escrita sempre na própria língua, ou seja, na língua original da obra. Os acréscimos de expressões como "edição revisada" ou "edição aumentada", quando for necessário, devem ser abreviados:

edição revisada = ed. rev.
edição aumentada = ed. aum.

Local de publicação

O local a ser citado será a cidade da publicação constante da ficha catalográfica ou da folha de rosto. Quando a identificação do local não for possível, deve-se indicar entre colchetes a expressão *sine loco* [*s.l.*].

Quando a cidade não aparece na publicação, mas pode ser identificada, faz-se a indicação entre colchetes.

No caso de publicações em que o editor atua em vários locais, indica-se o local de maior destaque.

Editor

O pesquisador deve citar o nome da editora ou casa editorial, conforme o registro na publicação. Os prenomes devem ser abreviados e ser suprimidos outros elementos que sirvam para designar a natureza jurídica ou comercial, tais como S/A, Ltda, livraria, editora, entre outros. Exemplo:

SALOMON, Délcio Vieira. *Como fazer uma onografia:* elementos de metodologia do trabalho científico. 5 ed. Belo Horizonte: Interlivros, 1977.

A razão social da editora citada como Interlivros é Interlivros de Minas Gerais Ltda.

Quando não houver editora mencionada, mas que pode ser identificada, indica-se entre colchetes; quando não houver a possibilidade de sua identificação, cita-se o impressor.

Quando não há possibilidade de identificar nem o editor nem o impressor, utiliza-se a expressão entre colchetes [s.n.] ou [sine nome].

No caso de mais de um editor, cita-se o mais destacado. Nada impede que os demais editores também sejam citados.

Quando autor e a editora são a mesma pessoa, não se faz sua menção.

Data

O ano de publicação deve sempre ser indicado em algarismos arábicos, por exemplo: 1985 e não MCMLXXXV.

A ABNT – NBR 6023 de agosto de 2002 trouxe poucas alterações em relação às anteriores e determina que, se a obra não tem nenhuma data de publicação, distribuição, *copyright*, impressão etc., e não pode ser determinada, deve ser registrada uma data aproximada entre colchetes.

Exemplos:
[1981?] – para data provável;
[ca. 1960] – para data aproximada;
[197_] – para década certa;
[18_ _] – para século certo;
[18_ _ ?] – para século provável.

Tratando-se de monografias ou periódicos seriados:
1994-: a data seguida de hífen informa que as monografias ou periódicos estão em curso de publicação;
1994-1995: o hífen separa a data inicial e a data final da publicação.
A abreviatura dos meses deve ser feita utilizando-se somente as três primeiras letras e não se devem abreviar os meses com quatro ou menos letras.

Número de páginas e volume
Para as publicações de um só volume, indica-se o número de páginas, seguido da abreviatura p.

Exemplo: 540 p. e não 540 páginas.

Para as publicações com mais de um volume, indica-se o número do volume, seguido da abreviatura da palavra volume, que é v.

Exemplo: 4. v. e não 4° volume.

Quando a obra for paginada irregularmente ou não for paginada, registra--se da seguinte forma: "não paginado" ou "paginado irregularmente".
Tratando-se de outros materiais utilizados na elaboração do trabalho, como CDs, mapas, entre outros, indica-se da seguinte forma: a quantidade em algarismos arábicos e a descrição dos materiais.

Exemplo:
1 CD (65 min.);
2 mapas;
3 DVDs.

As ilustrações, tais como tabelas, gráficos, entre outros, devem ser indicados pela abreviatura "il".

Revistas e jornais

As indicações bibliográficas, para o caso de ser considerado o todo como fonte de informações, são relacionadas da seguinte forma:

Elementos	Exemplos
Título da revista	Conjuntura Econômica
Local da publicação	Rio de Janeiro
Editora	FGV
Data (ano) do primeiro volume e, se a publicação cessou, também do último	1947
Periodicidade	mensal
ISSN	ISSN 0010-5945

Exemplo: *Conjuntura econômica*. Rio de Janeiro: FGV, 1957 – mensal. ISSN 0010-5945.

Neste caso, o pesquisador indica ter utilizado no seu trabalho a coleção, e não apenas um número ou parte desta coleção.

Sendo utilizada uma parte do todo com autoria própria, ou seja, artigos em jornais e revistas, a indicação será feita da seguinte forma:

Elementos	Exemplos
Autor do artigo	SILVA, Eliane Penha da.
Título do artigo	Expectativa de Alta [Ações]
Título da revista	Conjuntura Econômica
Título do fascículo, suplemento ou n. especial	As 500 maiores Empresas do Brasil
Número do volume, fascículo, páginas inicial e final do artigo	v. 49, n. 8, p. 102-104
Mês (ou equivalente) e ano (do fascículo, suplemento ou n. especial)	Agosto. 1995

Exemplo:
SILVA, Eliane Penha da. Expectativa de Alta (Ações). *Conjuntura econômica*, as 500 maiores empresas do Brasil v. 49, n. 8, p. 102-104, ago. 1995.

O roteiro a ser seguido na citação de artigos em jornais é apresentado na sequência.

Elementos	Exemplos
Autor do artigo	VERÍSSIMO, Renata.
Título do artigo	Alunos de graduação passarão por teste.
Título do jornal	Gazeta Mercantil
N. ou título do caderno, seção, suplemento, página do artigo referenciado e n. de ordem das colunas	Caderno A, p. 5.
Data	27 de novembro de 1995

Exemplo:
VERÍSSIMO, Renata. Alunos de graduação passarão por teste. *Gazeta Mercantil*, Caderno A, p. 5, 27 nov. 1995.

Fontes digitais e da internet

A forma de referência segue o padrão de informação utilizado para textos de livros, artigos científicos e outras fontes, com o acréscimo do endereço eletrônico e a data do acesso.

Exemplo:
SANTOS, João Almeida. *Formulation and implementation of strategies applied to the decisions in companies game simulator*: a comparison to general games from the theory of games. POMS – Production and Operations Management Society. Nevada, EUA, maio 2011. CD-ROM.

IBGE – Instituto Brasileiro de Geografia e Estatística. *Indicadores sociodemográficos e de saúde no Brasil*. 2009. Disponível em: <http://ibge.gov.br/canal_artigos/>, acesso em 29 jun. 2011.

Listagem das referências

A ordem da lista pode ser alfabética, sistemática (por assunto) ou cronológica. As referências devem ser numeradas consecutivamente em ordem crescente.

a) Autor repetido:
O nome do autor de várias obras referenciadas sucessivamente pode ser substituído por um travessão nas referências seguintes à primeira.
Exemplo:

POPPER, Karl Raymond. *O conhecimento objetivo.* São Paulo: Edusp, 1985.
_____. *Eu e seu cérebro.* Campinas: Papirus, 1991.

b) Título repetido:
O título de várias edições de um documento referenciado sucessivamente deve ser substituído por um travessão nas referências seguintes à primeira.
Exemplo:

FRANCA, Leonel. *Noções de história da filosofia.* Rio de Janeiro: Agir, 1918.
_____ . _____. 16. ed. rev.

Referências bibliográficas

ACKOFF, Russel Lincoln. *Planejamento de pesquisa social.* Versão portuguesa de Leonidas Hegenberg, 19--.

ADLER, Mortimer S.; VAN DOREN, Charles. *A arte de ler.* Rio de Janeiro: Agir, 1974.

BIRLAN, Antonio G. *Conciência y conocimiento.* Buenos Aires: Américale, 1956.

CASTRO, Lauro Sodré Viveiros de. *Exercícios de estatística.* Rio de Janeiro: Científica, 1978.

CHIAVENATO, Idalberto. *Introdução à teoria geral da administração.* São Paulo: McGraw-Hill, 1990.

CHISHOLM, Roderick M. *Teoria del conocimiento.* Rio de Janeiro: Zahar, 1969.

DE LATIL, Pierre. *O pensamento artificial*: introdução à cibernética. 2. ed. São Paulo: Brasa, 1968.

DESCARTES, René. *Discurso sobre o método.* Tradução de Márcio Publiesi e Norberto de Paula Lima. São Paulo: Hemus, 198-.

DIEESE – Departamento Intersindical de Estatística e Estudos Socioeconômicos. *Anuário dos trabalhadores.* 10. ed. 2009.

DOWNS, Robert B. *Fundamentos do pensamento moderno.* Rio de Janeiro: Renés, 1969.

ECO, Umberto. *Tratado geral de semiótica.* 2. ed. São Paulo: Perspectiva, 1991.

ECO, Umberto. *Como se faz uma tese.* 1989

ENCICLOPÉDIA MIRADOR INTERNACIONAL. São Paulo, 1981. ISBN 85-7026-001-6.

FONTANA, Dino F. *História da psicologia, filosofia e lógica.* São Paulo: Difusão Europeia do Livro, 1970.

FOULQUIÉ, Paul. *A dialética.* 2. ed. São Paulo: Europa-América, 1974.

FRANCA, Leonel. *Noções de história da filosofia.* 16. ed. rev. Rio de Janeiro: Agir, 1960.

FUNDAÇÃO INSTITUTO BRASILEIRO DE GEOGRAFIA E ESTATÍSTICA. *Anuário Estatístico do Brasil,* v. 1 (1908/1912), Rio de Janeiro, 1992.

GARAUDY, Roger. *Para conhecer o pensamento de Hegel.* Tradução de Suely Bastos. Porto Alegre: L&PM, 1983.

GARDNER, Howard. *A nova ciência da mente.* Tradução de Cláudia Malbergier Caon. São Paulo: Edusp, 1995.

GONZÁLEZ, Irineo. *Metodologia del trabajo científico.* 3. ed. Santander: Sol e Terra, 1965.

HEILBRONER, Robert. *A natureza e a lógica do capitalismo.* São Paulo: Ática, 1988.

HESSEN, Johann. *Teoria del conocimiento.* Buenos Aires: Losada, 1938.

IPEA – Instituto de Pesquisa Economica Aplicada. *Revista Desafios do Desenvolvimento,* ano 8, n. 65, 5 maio 2011. Disponível em <http://desafios2.ipea.gov.br/sites/000/17/edicoes/65/pdfs/rd65not06.pdf>

JASPERS, Ludgero. *Manual de philosophia.* 2. ed. São Paulo: Melhoramentos, 1930. Resumo adaptado do Cours de Philosophie de Ch. Lahr. S. J.l. 25. ed., 2V. Paris, 1926.

KANT, Immanuel. *Lógica.* Tradução de Gottlob Benjamin Jäsche de Guido Antônio de Almeida. Rio de Janeiro: Tempo Brasileiro, 1992. Biblioteca Tempo Universitário, 93. Série Estudos Alemães.

MINICUCCI, Agostinho. *Dinâmica de grupo na escola.* 2. ed. rev. amp. São Paulo: Melhoramentos, 1971.

NORA, José Ferrater. *Que és la lógica.* Coleção Equemar. Buenos Aires: Columba, 1957.

O ESTADO DE S.PAULO. *O Estado de S.Paulo,* ano IX, n. 3250, 2 jan. 1996.

PARRA FILHO, Domingos; SANTOS, João Almeida. *Monografia e apresentação de trabalhos científicos.* São Paulo: Terra, 1995.

PERROUX, François. *O capitalismo.* Tradução de Gerson de Loux. 2. ed. São Paulo: Saraiva, 1969.

PLATÃO. *Fedro ou da beleza.* Tradução de Pinharanda Gomes. Lisboa: Guimarães, 1994.

POPPER, Karl. R. *A lógica da pesquisa científica*. São Paulo: Cutrix, 1959.
POPPER, Karl. R. *Eu e o seu cérebro*. Campinas: Papirus, 1991.
POPPER, Karl. R. *O conhecimento objetivo*. São Paulo: Edusp, 1985.
RICH, Elaine; KNIGHT, Kevin. *Inteligência artificial*. Tradução de Maria Claudia Santos Ribeiro Ratto. São Paulo: Makron Books, 1993.
RUTTER, Marina; ABREU, Sertório Augusto de. *Pesquisa de mercado*. 2. ed. São Paulo: Ática, 1994.
SANTOS, Theobaldo Miranda. *Manual de filosofia*. 4. ed. São Paulo: Companhia Editora Nacional, 1951.
SILVA, Franklin Leopoldo L. *Descartes*: a metafísica da modernidade. 2. ed. São Paulo: Moderna, 1993.
SPIEGEL, Murray Ralph. *Estatística*: resumo da teoria. São Paulo: McGraw-Hill, 1977.

Vocabulário

Amostra: é uma parcela dos elementos que compõem uma população ou um universo e contém todas as características dessa população ou do universo.
Axioma: é um princípio necessário, evidente por si e indemonstrável; é utilizado para demonstrar outras verdades, sendo ordinariamente subentendido no raciocínio.
Brainstorming: é uma técnica de trabalho em grupo com o objetivo de buscar soluções para determinados problemas e desenvolver novas ideias.
Cabeçalho: é o conjunto de dizeres que encenam as colunas e casas de uma tabela ou de uma página de livro em branco; no fichamento, representa o título para a sua identificação.
Causa: qualquer fenômeno necessário e suficiente para determinar o surgimento de outro fenômeno.
Cibernética: é a ciência que estuda as máquinas automáticas e os seres vivos, no que têm de sistema autogovernado.
Ciência: é um sistema de proposições rigorosamente demonstradas, constantes, gerais, ligadas mediante as relações de subordinação.
Congresso: é uma reunião ou assembleia solene de pessoas competentes para discutir determinada matéria.
Conhecimento: é a apreensão do objeto pelo sujeito. O sujeito cognoscitivo e a consciência têm como função a apreensão do objeto, que se realiza mediante uma saída do sujeito da sua esfera para captar as propriedades do objeto, sendo que essa propriedade surge como imagem para o sujeito.
Conhecimento científico: é o conhecimento formal existente a priori, que obtém na experiência o seu conteúdo.

Conhecimento filosófico: é a busca incessante da causa suprema, a razão derradeira que explica tudo.

Conhecimento intelectual: é aquele obtido pela razão e pela experiência; os conceitos derivam da experiência.

Conhecimento intuitivo: é a percepção imediata, ou seja, a percepção de um objeto que dispensa conhecimento prévio.

Conhecimento racional: é aquele que tem na razão a verdadeira causa do conhecimento, admitindo a existência de um conhecimento a priori; conceitos inatos.

Conhecimento sensitivo: é o conhecimento adquirido pelos órgãos dos sentidos.

Conhecimento vulgar: é o conhecimento que admite a existência dos fatos e não das causas.

Definição: é a limitação ou explicação dos sentidos de uma palavra ou a natureza de uma coisa.

Demonstração: é um processo dedutivo pelo qual, a partir de uma definição ou verdade geral, mediante um axioma, chega-se à consequência necessária.

Dialética: é a arte de discutir e, segundo a filosofia antiga, a argumentação dialogada. Segundo Foulquié (1974, p. 62), a dialética parte do ponto de vista de que os objetos e os fenômenos da natureza implicam contradições internas, pois todos apresentam um lado negativo e um lado positivo, um passado e um futuro.

Dialética hegeliana: é a conciliação dos contrários nas coisas e no espírito. Na dialética encontra-se a afirmação ou tese, a negação ou antítese e a negação da negação, a síntese.

Dialética marxista: é o estudo das contradições na própria essência das coisas.

Entendimento: é a fonte e a faculdade de pensar as regras que são submetidas às representações dos sentidos.

Experimentação: é o estudo de um fenômeno provocado artificialmente com o objetivo de verificar uma hipótese.

Falso: quando existe contradição entre a imagem contida no pensamento e o objeto.

Filosofia: segundo Aristóteles, é a ciência dos princípios, das primeiras causas e da concepção do Universo.

Fórum: é um método de trabalho em grupo que envolve um orador especialista em determinado assunto, que faz a sua exposição sem interrupção por parte do auditório.

Hipótese: é a explicação provisória das causas de um fenômeno; também denominada suposição ou razão provisória.

Idealismo: o conhecimento está na ideia, os objetos sem ela não existem.

Ideia: é a simples representação de um objeto, chamada também de noção ou conceito.

Inteligência artificial: é o estudo de como fazer os computadores realizarem coisas que no momento as pessoas fazem melhor.

Juízo: é um ato da consciência cognoscitiva, que permite a distinção entre um objeto e os demais mediante um atributo.

Lei: é a relação constante que liga a causa ao efeito, o que determina que, estabelecida a primeira, segue-se o segundo.

Leitura: percorrer com a vista (o que está escrito) proferindo ou não as palavras, mas conhecendo-as.

Leitura analítica: aquela que tem por objetivo distinguir o verdadeiro do falso, identificar as causas e os efeitos do problema em questão.

Leitura seletiva: é uma leitura rápida, que tem por objetivo separar as obras que devem ser lidas em função da proposta do trabalho.

Leitura sintópica: é aquela a partir da qual se estabelece de forma racional o texto lido, organizando-se a leitura em tópicos.

Lógica: é uma ciência das formas ideais do pensamento e a arte de aplicá-las corretamente à indagação e à demonstração da verdade.

Lógica crítica: trata dos critérios da verdade.

Lógica especial ou aplicada: regras que determinam o acordo do pensamento com o objeto.

Lógica formal: é o acordo do pensamento consigo mesmo, que faz a abstração da matéria.

Matemática: é a ciência da medida das grandezas, que faz abstração da natureza destes corpos; daí a denominação de ciência abstrata.

Mediana: dada uma relação de números, ordenados em ordem crescente, a mediana será o número central, no caso de o conjunto ter um número ímpar de elementos, e será a média dos dois centrais, se o número de elementos for par.

Método econométrico: é o estudo do aspecto quantitativo das relações entre os fenômenos econômicos.

Método geral: é o conjunto dos processos que a consciência cognoscitiva tem utilizado na investigação e na demonstração da verdade.

Moda: é o valor que se apresenta com mais frequência em uma série.

Objeto ideal: aquele que é abstrato, ou seja, meramente pensado.

Objeto real: aquele que é dado pela experiência.

Observação: é a maneira pela qual se captam os acontecimentos dos mundos exterior e interior.

Painel: é um método de apresentar para discussão os assuntos controvertidos de grande interesse público.

Palestra ou conferência: uma reunião de grupos de pessoas, tendo como objetivo a discussão sobre um tema científico ou literário.

Pesquisa aplicada: é aquela que trabalha com objetivos imediatistas.

Pesquisa bibliográfica: é o trabalho que utiliza fontes bibliográficas, ou seja, informações já escritas em livros, jornais, revistas, entre outros.

Pesquisa científica: é o trabalho desenvolvido pelos cientistas a partir de métodos, leis e teorias devidamente comprovadas na busca de novos conhecimentos.

Pesquisa de campo: é aquela que tem por objetivo observar os fatos tal como ocorrem.

Pesquisa preliminar: é o trabalho desenvolvido não só para a definição do problema e das hipóteses, mas também do roteiro de pesquisa, ou seja, da elaboração de um sumário ou pré-índice, que vai estabelecer determinados parâmetros a serem obedecidos.

Pesquisa teórica: é aquela que tem como objetivo maior desenvolver novas teorias, criar novos modelos teóricos e estabelecer novas hipóteses de trabalho nos vários campos do saber humano, quer por dedução, quer por indução, quer por analogia.

Probabilidade: aproxima-se dos significados de palavras, como chance, possibilidade, viabilidade e, indiretamente, de conjectura, prognóstico, relevância e credibilidade.

Proposição: é o enunciado de um juízo.

Raciocínio dedutivo: quando, a partir da proposição geral, se chega à consequência ou ao caso particular.

Raciocínio indutivo: quando, a partir de caso particular, se chega à proposição geral.

Realismo: os objetos existem independentemente da consciência.

Resenha: é, por definição, a apreciação de uma obra literária ou de um texto que tem como objetivo dar uma ideia do seu conteúdo.

Seminário: é uma reunião de estudos da qual participa um grande número de especialistas sobre determinado assunto, com técnicas diferentes das que se empregam em congressos ou conferências, especialmente caracterizados por debates, sessão plenária e intercâmbio entre grupos sobre matéria constante de texto escrito.

Silogismo: também denominado dedução mediada, ocorre quando, a partir de duas proposições chamadas premissas, se chega a uma terceira.

Simpósio: é uma reunião de cientistas ou técnicos que tem por objetivo ventilar vários assuntos relacionados entre si ou os vários aspectos de um só problema.

Sujeito cognoscitivo: é a consciência que apreende o objeto.

Teorias ou sistemas: é a síntese de leis particulares ligadas por uma explicação comum.

Variável: é um símbolo, como x e y ou a e b, que pode assumir qualquer um de um conjunto de valores que lhe são atribuídos, conjunto este chamado *domínio da variável*. Se a variável pode assumir apenas um valor, é denominada constante.

Verdade: quando não existe contradição entre a imagem contida no pensamento e o objeto.

Impressão e acabamento

psi7 | book7